Beauty Management

2022년 NCS 적용교육!!

미용경영학

메디시인

개정판을 내면서

오늘날 시대적 흐름은 건강과 아름다움을 중요시하면서, 힐링과 함께 뷰티산업이 고부가가치 산업으로 발전해 나가고 있습니다.

그 발전 속도에 맞추어 미용분야가 좀 더 전문 분야로 나아가기 위해서는 학문적 뒷받침이 대두되고 있으며, 이와 더불어 산업현장에서 필요로 하는 전문지식의 눈높이도 높아지고 있습니다.

이에 미용경영학은 미용에 입문하는 학생부터, 이미 뷰티분야에서 활동하는 전문가에 이르기까지 꼭 습득해야 할 필수학문이 되었습니다. 미용경영에는 뷰티의 전문지식과 실기 외에도 조직과 리더십, 의사소통과 대인관계, 인간의 심리와 마케팅, 그리고 인력의 채용과 교육훈련 등 많은 변수가 작용합니다.

따라서 미용분야의 특성상 언제나 숍을 열어서 운영할 자세를 갖추려면 경영학의 기초이론을 습득함으로써 경영을 함에 있어 기초학문이 백 그라운드로 든든해야만 큰 실수없이 자리를 잡을 것이라고 사료됩니다.

이 책은 대학의 뷰티 관련학과 교수들이 현장경험과 경영학 수학은 물론, 많은 최신의 참고자료를 체계적으로 정리하여 뷰티산업에서 꼭 필요한 〈미용경영학〉으로 엮었습니다.

따라서 뷰티 관련학과 교재는 물론, 현장에 나아가서도 꼭 가까이에 두고 이해할 수 있도록 상세히 세부내용에 이르기까지 수록·설명하였으며, 아울러 다시 한 번 관련 지식을 체크하여 실용화할 수 있도록 〈예제 문제〉를 삽입하여 보다 효과적인 설명과 접근이 용이하도록 구성하였습니다.

모쪼록 미용전문가를 꿈꾸는 모든 분들에게 본 서가 도움이 되기를 기대합니다.

임인년 입추에

필자 대표

Contents

Chapter 3 경영학의 발전과정

A Process of Business Administration

Chapter 4 리더십(leadership)의 이해

Understand Leadership

Chapter 5 의사소통과 대인관계 관리

Personal Relations of Communication

Chapter 6 조직설계와 조직구조

Organization Stucture Design

Chapter 7 마케팅의 이해

Understand Marketing

Chapter 8 동기유발

Causing Motive

Chapter 9 서비스산업과 미용산업의 이해

Service Industry & Cosmetic Business

Chapter 10 고객관리와 고객상담

Customer Relationship Management & Customer Counseling

Chapter 11 채용과 교육훈련(인사교육, 직원관리)

New Personnel & Education Trainning

Chapter 12 재무 및 재고관리

Financial Management & Inventory Control

Chapter 13 뷰티살롱의 창업과 사업계획

Beauty Salon Foundation & Business Plan

Chapter 14 NCS 미용경영 관련분야 요약

National Competency Standards

Management & Organization

Chapter 1

경영과 조직

1. 경영의 의미
2. 조직의 의미

과제 및 토론

Chapter 1 경영(經營)과 조직(組織)

SECTION 1 경영의 의미

1. 경영의 개념

경영에 대한 광의적 의미는 "한정된 자원과 지식, 정보, 시간 등을 가장 효율적으로 사용하여 개인이나 조직의 목표를 효과적으로 달성하며, 존재의 가치를 지속적으로 유지하기 위하여 진행되는 계획·실행·통제의 경제적 활동"이라고 정의할 수 있으며, 협의의 의미로는 "현대 자본주의 사회의 핵심 주체인 기업(enterprise)이 인간의 다양한 욕구를 충족시키기 위해 인적·물적 자원 및 지식과 정보를 투입하여 생산한 제품과 서비스의 공급을 통해 새로운 가치를 창조하는 일련의 경제적 활동"이라고 정의할 수 있다.

즉, 경영(management)은 "인적·물적 자원을 구입 및 투입하여 제품이나 서비스를 생산하고 이를 판매하는 일련의 과정"을 말하며, 어떤 일을 계획하고, 조직하고, 지휘하고, 조정하고, 통제하는 것을 의미하는 것이다.

그러므로 경영은 모든 종류의 일과 조직의 운영에 절대적으로 필요하다.

그림 1-1 경영의 과정

표 1-1 학자별 경영의 개념 정의

학자	정의
루와 바이어스 (Rue & Byars)	경영이란 조직의 목적이나 목표를 달성할 수 있도록 사람들에게 방향을 제시해 주는 활동의 형태나 과정이다.
쿤츠 (Koontz)	경영은 의미 있는 조직목표들을 성취하기 위해 가능한 한 가장 효율적인 방법으로 조직의 일을 계획하고, 조직하고, 충원하고, 지휘하고, 통제하는 활동이다.
시로프 (Thierauf)	경영이란 산출물(제품과 서비스)을 생산하려는 목적으로 투입물(인적 자원과 경제적 자원)을 할당하는 과정이다.
스토너 (Stoner)	경영이란 사람들을 통하여 과업들을 수행하게 하는 예술(the art of getting things done through people)이다.
드러커 (Drucker)	경영은 과업이다. 경영은 규율이다. 하지만 경영은 또한 사람이다. 경영의 모든 성과는 경영자의 성과이다. 모든 실패는 경영자의 실패이다. 사람들은 '힘'을 경영하기보다는 '사실'을 경영한다.
로빈스 (Robbins)	경영이란 사람들로 하여금 일을 효율적이고 효과적으로 수행하도록 하는 과정이다.

2. 경영의 4요소

경영활동을 하기 위해서는 크게 목적, 인적 자원, 물적 자원, 전략과 정보 등의 네 가지 요소가 필요하다. 전통적으로 재화를 생산하기 위한 투입요소로는 인적 자원(노동)과 물적 자원(자본)을 들었다. 이에 더하여 경영에서는 이러한 자원을 어떤 목적으로 사용할 것인지 '목적'이 명시되어야 하고, 또한 어떻게 활용할 것인지에 관한 '전략'이 요구되는 것이다.

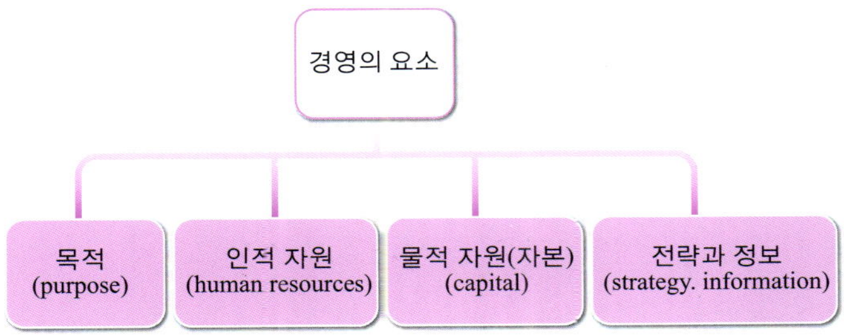

그림 1-2 경영의 4요소

(1) 목적(purpose)

① 경영을 하기 위해서는 목적이 분명하게 제시되어야 하며, 경영이 조직의 목적을 달성하기 위한 것이라면 경영의 목적은 조직의 목적이 될 것이다.

② 기업은 이윤을 추구하는 조직이며, 기업 존립의 기초가 된다.

(2) 인적 자원(human resources)

목적을 수립하였으면 이를 달성할 자원이 필요하다.

① 첫 번째 투입자원은 노동력을 제공하는 사람, 즉 인적 자원이다.

② 현대 경영에 있어서는 인적 자원의 중요성이 강조되며, 노동력에 주로 의존하는 유형의 기업, 초 현대화된 자동화 제조설비를 갖춘 기업이라고 하더라도 그 시설을 운영·관리하는 것은 사람이다.

(3) 물적 자원(자본, capital)

① 경영을 하기 위해서는 물적 자원, 즉 자본(capital)이 필요하다.

② 경영활동을 하기 위하여 자본을 조달하는 방법에는 자기자본으로 조달하는 방법과 타인에게서 빌리는 방법이 있으며, 자본조달에서 중요한 것은 저렴하게 오랫동안 쓸 수 있는 자본을 조달하는 것이다.

③ 좁은 의미의 자본은 화폐, 즉 돈을 의미하지만 자본 중에는 실물자본도 있다.

④ 새로운 사업을 시작하려고 할 때 돈을 제공하는 사람도 있으며, 물건을 직접 제공하는 사람도 있는데, 물건으로 제공된 물적 자원은 그에 상응하는 화폐가치로 환산하여 회계처리한다.

(4) 전략(strategy)과 정보(information)

① 사람과 자본을 준비하였으면 이를 하나로 엮어 냄으로써 경영목적을 달성할 전략이 필요하다.

② 전략(strategy)은 기업 내의 모든 자원을 경영목적 달성을 위하여 조직화하고 이를 실행에 옮기는 것을 말한다.

③ 정보(information)는 의사결정에 도움을 주는 자료를 말한다.

④ 정확하고 충분한 정보 없이는 정확한 의사결정을 내릴 수 없다. 경쟁력을 갖춘 기업 중에는 정보 전쟁에서 앞서 나가는 경우가 많다.

표 1-2 조직이 이용하는 제 자원

조직 \ 자원	인적 자원	재무적 자원	물리적 자원	정보자원	기술자원
기업	기술자 경영자 기타 종업원	자본금 이익금	공장 사무실 원재료	수요예측 경제동향	생산기술 노하우
대학	교수 교직원 학생	수업료 기부금 정부예산(국립) 재단전입금(사립)	강의실 실험기자재 컴퓨터	학술논문	교수의 연구 및 강의능력
정부기관	공무원	조세수입 정부예산	건물 장비	경제예측지표 기타통계지표	행정능력

3. 경영관리기능

(1) 경영관리기능의 의미

1) 경영관리기능

경영관리기능이란 경영목표의 최대한 달성을 위해 기업이 소유하고 있는 인적·물적 자원과 지식, 정보, 기술, 기업가 정신 등을 활용하여 경영 환경의 급속한 변화에 유연하게 대처하여 효과적으로 관리하고 운영하는 데 필요한 사안들을 사전에 분석·검토하고 계획한다. 아울러 이를 위한 기업조직의 구성과 운영, 구성원의 충원 및 업적에 대한 평가와 다양한 조직의 기능에 대한 효율적인 운영과 통제 및 이러한 활동들을 피드백하려는 구조적 활동이며, 기능의 반복적인 운영을 통해 조직을 관리하는 기능이다.

2) 경영관리과정

① 경영자는 경영관리기능을 수행함으로써 직무를 수행하게 된다. 이러한 경영관리활동 또는 경영관리기능은 경영자가 수행할 기본적인 기능을 말하며, 일반적으로 경영관리과정이라고 한다.

② 경영관리과정의 구성요소를 최초로 체계 있게 제시한 사람은 페이욜(H. Fayol)이다. 그는 관리를 예측, 조직, 명령, 조정, 통제의 관리요소 또는 관리기능으로 설명하였다.

③ 그 후 굴릭(L, Gulick)의 POSDCORB, POC, PDS와 같은 관리과정이 제시되어 계획화, 조직화, 통제하는 과정으로 분류하였다. 이는 집행이 가능한 계획과 수립된 계획을 집행하기 위하여 자원을 조직하는 조직, 그리고 계획대로 집행되었는가를 확인하는 통제의 과정을 의미한다.

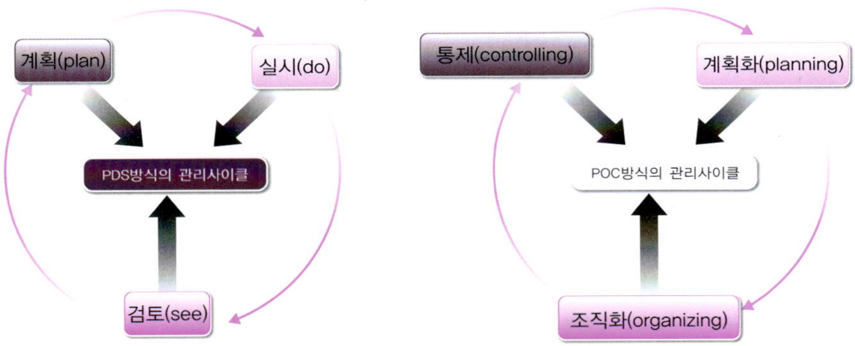

그림 1-3 경영관리과정의 종류

(2) 경영관리기능의 내용

1) 계획기능(planning)

① 경영에 있어서 모든 활동과정을 통하여 목표를 향해 가장 유효하게 도달하도록 사전에 결정하는 활동이다. 즉, 목표와 방침을 결정하고, 예측하며, 기획하는 활동이다.

② 구체적으로 단기계획과 장기계획을 세우는 것이며, 계획을 수립할 때에는 수립되는 대상 기간에 따라 단기계획(1년 이내), 중기계획(1~2년), 장기계획(3년 이상) 등 전략적 기간을 대상으로 계획을 수립한다.

③ 계획은 미래의 변화를 예측하고 이에 적응해 가는 유연한 예지 능력에 따라 성공을 보장할 수 있으며, 따라서 유효성과 유연성 및 미래성을 요구하는 계획은 다음과 같은 의미를 갖는다.

check point

비전 | 조직의 목표와 존재의 목적 및 의미 규정
전략 | 목표달성의 방법과 물적·인적 소요자원 공급 및 사용기술 선택
조직 | 인적 자원의 충원과 업무 배분 및 조직구조 결정
실행과 통제 | 조직의 업무 환경에 대한 적응과 실적의 평가기준 설정

2) 조직기능(Organizing)

① 조직의 목표달성과 효율적 업무 수행을 위해 조직의 내부적 구조를 설계하고 이에 필요한 소요자원을 분배된 직무에 따라 각 조직과 구성원에게 적절히 조정·배분하며, 이들의 자질과 능력에 따라 조직의 성공적인 목표달성을 위하여 계획된 직무를 분담시키며 책임 권한의 범위와 명령 보고의 효과적 관리체계를 설계하고 결정하는 기능을 조직기능이라고 한다.

② 따라서 조직은 구성원들이 갖고 있는 다양한 능력과 자질 및 각 부서의 권한과 업무 영역을 상황에 따라 적절하고 합리적인 수위로 조절하여 조직이 소유한 잠재적 능력을 최대한 발굴하고 사용 가능하도록 하는 팀워크 조직을 만드는 기능이다.

③ 모든 조직은 위계구조가 있고, 조직의 가동에 필요한 규정이나 규칙이 있으며, 조직의 가장 큰 특징은 '목표'가 있다는 점이다.

④ 조직구성원은 조직의 목표를 달성하기 위하여 노력하며, 그러한 노력을 하는 과정 중이거나 또는 그 결과가 나타날 때 자신이 속한 조직에 대한 소속감을 느끼게 된다.

check point

기능화 | 직무 설계와 구체적 업무 결정
분업화 | 조직의 구조적 설계와 자질·역량의 인력 배치
부문화 | 부서 간 업무 분배·조정·통합
권한위임 | 책임과 권한 범위 및 자원 분배

3) 지휘기능 (leading)

① 부하를 지도하고 감독함으로써 부하의 질서 있는 활동을 유지하는 역할이다.

② 강제적인 명령에 의해 일을 시키는 것이 아니라 부하에게 설명과 해설을 통하여 납득시키는 것으로 지도적인 입장에서 의사전달을 하는 방법을 말한다.

③ 목표달성에 필요한 과업을 수행하도록 구성원에게 지시하고, 영향력을 행사하고, 동기부여를 하는 활동을 말한다.

④ 계획수립과 조직화는 관리과정에 있어서 주로 추상적인 측면을 다루지만, 지휘는 좀 더 구체적인 측면에 중점을 둔다.

⑤ 지휘의 초점은 적절한 조직분위기를 조성함으로써 구성원이 최선을 다하게 하는 데 있다.

⑥ 이 점에서 지휘는 경영자의 리더십(leadership)과 밀접한 관계가 있다.

check point

리더십 | 목표달성의 의욕과 욕구 활성화
영향력 | 자발적 동기부여와 잠재능력 발휘 및 충성심 제고
팀워크 | 몰입 유도와 상호의존성 및 시너지 효과 확대
의사소통 | 갈등관리와 신뢰 확보 및 존재의식 제고

4) 통제기능 (controlling)

① 조직구성원의 행동이 목표를 향해 올바르게 가도록 확인하는 활동을 말한다.

② 통제과정은 일반적으로 성과기준의 설정, 현재 성과의 측정, 현재 성과와 설정된 성과기준 비교, 편차가 발생하는 경우 올바른 행동을 하도록 수정하는 절차를 밟는다.

③ 기업경영에 있어 통제의 대상으로는 생산·공급하는 제품과 서비스의 품질, 작업공정의 효율성, 매출실적, 시장점유율, 수익성, 매출총액, 재고관리, 근무태도, 작업관리 등이 구체적인 대상이 된다.

check point

영역화 | 통제 기준과 대상 결정
표준화 | 질적·양적 통제지수화
평가 | 형평성 확보와 결과중심주의 및 예외 인정
피드백 | 목표관리에 따른 처벌과 보상 및 수정·보완

이상의 경영활동 과정을 관리과정(management process) 또는 관리직능(management function)이라고 하며, 이를 도표로 간단히 설명하면 다음과 같다.

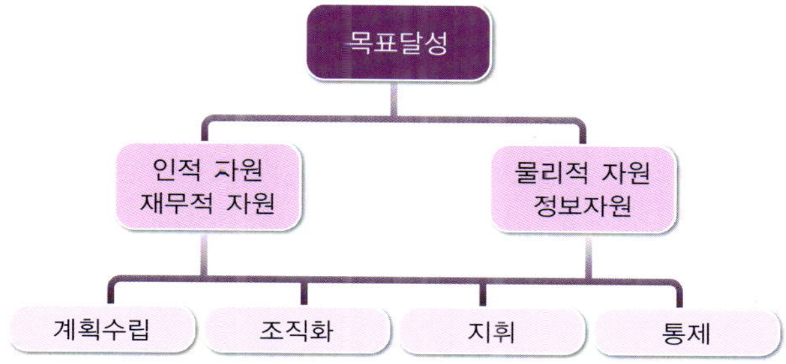

그림 1-4 경영활동

5) 동기부여(motivating)

① 동기부여는 각 업무의 담당자에게 적극적으로 일할 의욕을 일으켜서 공통의 조직목표에 대해 스스로 협력하는 정신을 환기시키는 활동이다.

② 분담할 업무를 결정할 때 상위자가 하위자를 참여시킨다든가, 권한을 위양하여 자유재량의 여지를 준다든가, 또는 불평불만이 있을 때 상담의 상대가 되어 주거나 하여 업무에 관심을 갖도록 하는 것이다.

6) 조정(coordinating)

① 조정은 이해나 견해가 대립되는 경우 상호간의 의사소통을 원활히 함으로써 공통목표를 향해 조화롭게 통일시키는 활동이다.

② 직능이 분화되어 업무내용이 복잡하게 되면 조정의 역할이 중요하게 된다.

4. 경영성과의 전제조건

경영은 조직목표를 달성하되 효율적·유효적으로 달성해야 한다. 치열한 경쟁과 빠른 기술적 변화와 다양한 경영변수들의 불안정성 등의 환경 속에서 기업의 생존은 경영 환경에 대한 유연한 적응력에 의하여 결정적인 영향을 받게 되며, 이러한 적응력은 기업이 세운 경영목표의 타당성과 실적에 대한 생산성으로 나타나 기업경영자의 능력을 평가하고 기업의 지속적 존재 가능성의 여부를 판단하는 결정적인 요인으로 작용하게 된다.

피터 드러커(Peter Drucker)는 이러한 기업 경영과정의 타당성과 생산성에 대한 평가기준의 개념으로 효율성과 유효성을 다음과 같이 설명하였다.

(1) 효율성(Efficiency)

어떤 일을 올바르게 수행하는 것(doing things right)으로 투입(inputs)과 산출(outputs) 간의 관계를 의미한다.

① 만일 주어진 투입물(노동, 원재료, 시간 등)에 비해 더 많은 산출물을 창출한 경우에 효율성을 증가시켰다고 한다. 투입을 적게 하고 동일한 산출물을 얻은 경우에도 역시 효율성을 증가시켰다고 할 수 있다. 이러한 점에서 효율성은 자원의 활용 정도와 관련이 있다.

② 경영은 조직의 목표를 달성하기 위하여 이용하는 제 자원의 비용을 최소화하는 데 중점을 둔다.

③ 경쟁기업 A사와 C사가 동일한 제품을 시장에 공급하는 경우 같은 원자재로 제조한 제품을 공급함에 있어서도 서로 다른 품질·가격·생산량 등을 보이게 되는데, 이는 제품의 변환과정에 대한 효과적 관리능력의 차이에 의해 나타나는 결과이다.

check point

효율성

① 경제성의 원칙(비용의 최소화)
② 생산성의 극대화(투입량/산출량)
③ 자원의 활용 정도
④ 일을 올바르게 하는 능력(doing things right)

(2) 유효성(effectiveness)

① 올바른 일을 수행하는 것(doing the right things)으로 조직의 목표가 달성되었다면 유효성을 달성했다고 본다.

② 유효성이란 적절한 목표를 선택할 수 있는 능력과도 관련이 있다. 예를 들어, 화장품의 수요가 증가하고 있는 시장 여건에서 기존 제품을 계속 생산한다는 의사결정을 한다면, 비록 최대한의 효율성을 갖고 생산하여도, 시대에 따라 변화하는 수요고객에 대한 목표를 잘못 설정하면 이는 유효한 경영이라고 할 수 없다.

③ 따라서 효율성이 일종의 '수단'의 특성을 갖고 있다면 유효성은 조직의 '최종목표'의 특성을 갖는다.

유효성

① 경영 환경과 미래의 흐름에 타당한 목표선택
② 방향의 중요성
③ 올바른 일을 선택하는 능력(doing the right thing)

표 1-3 효율성과 유효성

	효율성	유효성
평가대상	자원의 사용 정도	목표의 달성 정도
의미	일을 올바르게 함 (Do things right)	옳은 일을 함 (Do right things)
지향하는 것	최소한의 자원 투입으로 최대한의 산출	목표를 제대로 달성
조직의 목표달성과의 관계	목표달성을 위한 수단 • 효율성이 높으면 목표달성이 쉽다.	목표를 달성하는 것 • 유효성이 높아야 목표달성이 된다.
성공적인 조직이라면 효율성이 높고, 유효성도 높다.		

출처: "경영학의 이해"(이광로 외), 신영사, p.23

또한 피터 드러커가 강조하는 성공적 경영성과의 달성을 위한 원칙 '유효한 선택에 의한 효율적 경영' 의 의미를 더욱 확실히 체감하게 할 수 있는 다양한 요인들 중에서 가장 직접적으로 기업의 경쟁력을 확증시켜 줄 수 있는 중요한 1차적 요소로는 기업이 제공하는 제품과 서비스에 대한 '품질(quality)' 을 강조할 수 있다.

(3) 품질(quality)

품질이란 '제품과 서비스가 명시적 또는 잠재적으로 존재하는 고객의 욕구를 충족시킬 수 있는 능력으로 가지고 있는 일체의 특징과 특성' 이라고 국제표준화기구(International Organization for Standardization)에서 정의하였다.

① 품질의 정의는 '제품과 서비스에 제공된 물성과 가격 및 서비스와 소비자 욕구 충족의 기능을 조화시켜 얻게 되는 결과' 로 '상대적으로 낮은 생산비용(cost)과 생산성의 향상을 통해 확보될 수 있는 기업의 경쟁력 확대 요인' 이라고 정의할 수 있다.

② 품질의 의미에 대한 학자들의 평가는 품질의 동태성을 근거로 다양하게 전개되고 있다.

③ 과학적 경영관리를 강조하였던 테일러(F. W. Taylor)는 '품질이란 정해진 특성에 대해 나타나는 물리적 특성의 차이' 라고 설명하였으며, 데밍(W. E. Deming)은 '경영자의 책임에 의해 공급되는 재화와 서비스가 고객의 요구를 만족시키는 상태' 라고 설명하였다.

④ 따라서 품질의 중요성은 피터 드러커가 주장하는 '유효한 선택에 의한 효율적 경영' 의 의미를 대변하는 전략적 요인으로 강조되어야 하며, 품질이 기업경영에 미치는 실질적 효과와 잠재적 효과를 다음과 같이 정리할 수 있다.

check point

품질의 전략적 의미

① 시장과 소비자의 욕구 충족 요인
② 고객 만족의 직접적 요인
③ 경쟁우위 확보 요인
④ 시장획득과 점유율 확대 및 수익구조 개선 요인
⑤ 고용 확대 요인

SECTION 2 조직의 의미

1. 조직의 개념

조직(Organization)이란 사람들이 공동의 목표를 달성하기 위해 일정한 체계를 갖고 모인 단체이며, 체계화된 조직구조를 갖고 있는 인간의 집합체이다.

현대사회로의 발전이 진행될수록 개인과 조직과의 관계는 과거의 형태보다 훨씬 더 복잡한 관계의 다양성을 갖는 동시에 개인적 필요에 따라 선택적 의지의 다변적 성향을 띠게 된다. 따라서 개인은 참가할 조직을 개인적 목표와 의사에 따라 스스로 선택하고, 그 조직을 통해 개인적 성취와 조직의 목표달성에 기여함으로써 조직 발전에 이바지하게 된다.

이러한 조직의 의미에 대한 다양한 정의를 살펴보면, 다음과 같다.

(1) 조직(Organization)의 정의

① 허즈버그(F. Herzberg)는 '정치조직, 종교조직, 기업 등 여러 가지 조직 속에서 각 개인이 의미 있는 존재가 되고자 하는 인간적 욕구를 만족시켜 주는 곳' 으로 정의한다.

② 스코트(Scoot)와 블라우(P. Blau)는 정의를 '조직이란 특별한 공동의 목표를 추구하며, 그 목표 달성을 위하여 효율적 운영을 가능하게 하는 치밀한 의도 속에서 의식적으로 구조화된 사회적 단위(social unit)' 라고 설명하였다.

③ 피프너(J. Pfiffner)와 셔우드(F. Sherwood)의 경우 '다수의 구성원에 의해 이루어지는 조직은 모든 구성원 간의 대면적 접촉(face-to-face-contact)이 수월하게 이루어질 수 없는 구조를 가지고 있으며, 따라서 구성원은 다양한 각자의 업무수행과정을 통해 조직 내 구성원들과 업무적 연관성을 갖게 되고, 이를 통해 공동의 목표달성을 위해 협력해야 하는 존재' 로 조직을 설명한다.

(2) 조직의 특성

이와 같이 다양한 조직의 정의에 따른 사회적 조직을 면밀히 분석해 보면 다음과 같은 몇 가지 공통적인 특성이 있다.

1) 달성하고자 하는 독특한 목표를 갖고 있다.

① 대학은 학생들에게 지식을 전달하거나 진리를 탐구하는 데 목적이 있으며, 기업은 기업 활동을 통해 부가가치, 즉 영리 추구의 목적이 있다고 할 수 있다.

② 대학·정당·종교단체와 같이 영리를 추구하는 데 목적이 있지 않는 조직을 비영리조직(non-profit organization)이라고 하며, 기업조직과 같이 영리를 추구하는 조직을 영리조직(profit-seeking organization)이라고 한다.

③ 조직구성원은 조직의 목표를 달성하기 위하여 노력하며 조직의 목표는 바로 조직이 존재하는 근본적인 이유를 나타내기도 한다.

2) 모든 조직은 사람으로 구성되어 있다.

① 조직은 인간의 집합체라고 할 수 있다.

② 학교는 강의실이 있는 건물과 운동장 등 기타 부대시설로 구성되어 있다. 그러나 그 자체로는 조직이라고 할 수 없으며 학교의 목표를 달성하기 위하여 사람들이 모여 상호작용하는 경우에만 조직이라고 할 수 있다.

③ 학교 시설은 목표를 달성하기 위한 수단에 불과하다.

3) 조직은 그것을 구성하는 구성원의 행동을 정의하거나 제한하는 체계화된 구조를 갖고 있다.

① 체계화된 구조란 조직의 목적을 달성하기 위하여 구성원의 행동을 이끌어가는 규칙이나 규정, 구성원으로 하여금 특정 직무를 수행하도록 명시한 직무기술서 및 다른 구성원에게 영향력을 행사할 수 있는 권한체계 등을 가리킨다.

② 구성원은 체계화된 구조 속에서 상호작용하면서 조직의 목표를 달성하기 위해서 노력한다.

2. 조직의 필요성

(1) 조직의 필요성

현대 산업사회에서 우리는 조직 없이는 살 수 없다.

① 우리가 소비하는 수많은 제품이 기업에서 생산되어 일반 소비자에게 전달되기까지는 유통기관이 이를 대신하며, 우리가 속한 국가도 정부조직을 통해서 그 기능을 다할 수 있다.
② 우리는 평생 동안 조직을 관리하거나 조직의 관리를 받거나 아니면 조직과 상호작용을 하면서 살아간다.
③ 우리 사회에는 각양각색의 조직이 존재하며, 조직이 어떻게 합리적으로 관리되느냐에 따라 개인과 사회 및 국가의 발전이 결정된다고 할 수 있다.

이러한 관점에서 우리 사회에 조직이 필요한 이유를 다음과 같이 설명할 수 있다.

1) 조직은 사회에 기여한다.

① 각 조직은 나름대로 문화적으로 수용되는 어떤 가치(values)와 필요(needs)를 충족시키는 일종의 사회기관이다.
② 하나의 하위사회로서 조직은 우리가 문명화된 방법으로 더불어 살아가도록 하며, 목표를 달성하도록 한다.

2) 조직은 목표를 달성하게 한다.

① 사회의 각 조직은 자기조직의 목표를 달성하면서 다른 조직이 목표를 달성하는 데 기여한다.

3) 조직을 통한 제 자원 획득과 지배하는 역할을 한다.

① 조직은 지식을 통해 과거, 현재, 미래를 연결하는 가교역할을 한다.
② 더욱 중요한 것은, 조직은 새로운 지식을 개척함으로써 인류가 발견한 기존의 지식의 양을 증가시키는 데 기여를 한다는 점이다.

4) 조직은 각 개인에게 경력(career)을 쌓을 수 있는 기회를 제공한다.

① 조직은 구성원에게 생계의 원천을 제공하며 개인적 만족 및 자아성취를 가능하게 한다.
② 이러한 역할은 기업조직만이 가능한 것으로 보이나, 사실은 종교기관·학교·정부기관·병원 등 모든 조직이 우리에게 경력기회를 제공할 수 있다.

check point

조직의 필요성

① 목표달성과 환경극복
② 조직에 의한 효과적인 개인적 욕구 충족
③ 조직을 통한 제 자원 획득과 지배
④ 조직을 통한 경쟁력 극대화

3. 조직운영의 일반적 원칙

조직운영의 일반적 원칙은 조직의 태생적 목적에 따라 서로 다른 다양성을 갖게 되며, 이러한 이유로 인해 조직운영에 대한 규정적 원칙을 정하는 것은 불가능하다. 조직의 목표와 처해진 환경에 따라 그 견해가 다를 수 있으나 일반적으로 현대 조직의 공통적 운영원칙을 다음과 같이 설명할 수 있다.

(1) 계층화(Hierarchy)

① 모든 조직은 추구하는 궁극적인 목표달성을 위하여 효율적인 조직관리가 필요하다.
② 이를 위해 직위와 직책의 배분에 따른 구성원 간의 계급과 서열이 정해지며, 이들 각 계층·등급에 대한 업무 분담과 그에 대한 책임과 권한 및 의무가 규정되고, 조직의 효과적 통제를 위한 명령과 지휘·감독 체계가 확립되는 계층화(hierarchy)가 이루어지게 된다.

(2) 명령일원화(Unity of commend)

① 조직구조의 다양한 분화는 효율적 업무 수행과 목표달성을 위해 조직 내 각 부서 간 또는 필요에 따라 형성되는 한시적 조직 내에서 내부적 업무 수행의 협조체제가 필요하다.
② 조직의 구성원들은 정해진 한 사람의 상급자에게서만 명령과 지시를 받고, 그 상급자에게만 보고하게 하는 명령일원화의 원칙을 운영한다.

(3) 권한 이양(Delegation of authority)

① 조직은 부여된 권력에 대한 집권적 성향을 갖고 있다.

② 특히 조직 내부의 특정한 사람이나 부서에 지나치게 강한 권력이 집중되게 되며, 조직운영의 부조화된 생산성 저하 등의 비효율성이 나타나게 된다.

③ 효과적 조직 관리를 통한 생산성 향상을 위해 집중되어 있는 상급자의 권한을 하급자에게 이양(empowerment)하고, 권한을 이양 받은 하급자는 부여받은 권한을 허용된 범위 내에서 자의적 의지의 책임감에 따라 적극적으로 행사함으로써 소유한 능력을 최대한 발휘하여 조직의 생산성을 극대화해야 한다는 것이 권한 이양의 원칙이다.

(4) 책임과 권한

① 조직 내에는 다양한 계층과 직위가 있으며, 이에 따라 적절한 직무가 분배되고 이들의 직무수행은 조직의 생산성 극대화를 위한 효율적 연계성을 기초로 개별적 직무에 대한 업무적 책임과 권한을 부여받아 이에 상응하는 직무를 수행하게 된다.

② 이때 부여받은 각자의 업무와 직위에 대한 책임과 권한은 조직의 구조적 질서와 위계의 범위 내에서 최대한 사용될 수 있다.

(5) 조정(Coordination)

① 조직은 스스로 존재의 의미와 공동의 목표를 달성하기 위해 다수의 하부조직들을 구성하여 운영하게 된다.

② 하부조직이 수행하게 되는 다양한 업무들은 각자의 전문성에 따라 분담되는 분업화의 형태를 갖게 되는데, 이때 원활한 업무수행을 통한 목표달성을 위해 조직 전체와 하부조직 내의 구조적 균형의 유지를 위하여 지속적인 조정의 과정이 필요하다.

과제 및 토론

1. 내가 생각하는 경영을 한 마디로 정의한다면?

2. 경영의 4요소 중 뷰티 산업에서 가장 중요하게 고려해야 할 요소는 무엇이며, 왜 그렇게 생각하는지 토론해 보시오.

3. 뷰티 살롱에서 조직의 의미를 토론해 보시오.

Manager & Management Ethics

Chapter 2

경영자와 경영윤리

Chapter 2 경영자와 경영윤리

SECTION 1 경영자의 의미와 유형

1. 경영자의 의의

① 경영자(manager)란 조직의 목표를 수립하고 달성하기 위하여 조직의 제 자원을 조직화하고, 지휘하고, 통제하는 사람이며, 경영활동을 수행하는 사람이라고 정의할 수 있다.

② 또한 조직의 계획수립자(planner), 조직화 담당자(organizer), 리더(leader) 및 통제자(controller)라고도 할 수 있다.

③ 기업경영자는 정해진 기업의 목표를 달성하기 위해 기업이 소유하고 있는 모든 투입요소, 즉 인적·물적 자원과 자본, 지식, 정보, 기술, 기업가 정신 및 독특한 기업 문화 등의 제 자원을 효율적으로 사용하기 위한 계획–조직–지휘–통제의 관리 기능을 수행하며 내부조직(기획, 인적 자원 관리, 생산, 마케팅, 재무, R&D 등)에 대한 효과적 운영과 관리를 담당하는 경영의 주체이다.

표 2-1 경영자의 분류

구분	분 류		
	직 위	계 층	직 명
상	경영자(executives)	최고경영자 (top manager)	사장, 부사장, 이사 (president, vice president)
중	관리자(managers)	중간경영자 (middle manager)	판매관리자 (sales manager)
하	감독자(supervisors)	하위경영자 (first–line manager)	직장 (foreman)

2. 경영자의 유형

① 경영자는 분류기준에 다라 다양하게 분류될 수 있다.
② 직위에 따라 분류하면 최고경영자, 중간경영자, 일선경영자로 분류될 수 있다.
③ 기능에 따라 분류하면 라인 관리자(line manager), 스태프 관리자(staff mana- ger), 기능부서 관리자(functional manager), 전반 관리자(general manager) 등으로 분류된다.
④ 이들 경영자들은 계획·조직화·지휘·통제 등의 관리기능을 수행하며, 소유와 경영의 분리라는 관점에서 경영자를 다음과 같이 세 가지 유형으로 분류하기도 한다.

첫째, 소유경영자(owner manager)는 개인이 자본의 출자와 경영활동을 겸하는 유형의 경영자를 의미한다.

- 자본의 조달과 운용 및 위험분담, 의사결정, 지휘, 통제 등의 기능을 모두 담당한다.
- 기업가 기능과 경영자로서의 전문기능이 다소 미흡하며, 오늘날 중소기업과 같은 비교적 소규모 기업에서 찾아볼 수 있다.
- 또한 그 기업조직이 대규모일지라도 자본의 대부분을 출자하고 동시에 경영자로서 기업조직의 경영에 직접 참여하고 있다면 그 사람도 소유경영자이다.

둘째, 고용경영자(employed manager)는 기업가의 위탁에 의해 그 대리인으로서 경영관리 기능을 수행함으로써 기업가의 이익을 대변하는 사람을 고용경영자라고 한다.

- 기업의 규모가 커짐에 따라 경영활동의 폭과 생산방법이 복잡·다양해짐으로써 소유경영자 혼자 경영관리 기능의 전부를 처리하기 어려워지는 단계에서 출현한다.

셋째, 전문경영자(professional manager)는 출자 여부와 관계없이 경영활동 전반에 걸친 포괄적인 의사결정을 할 수 있는 경영자이다.

- 지식, 경험 그리고 능력을 가진 자를 말한다.
- 주식회사제도의 발전과 더불어 주식이 광범하게 분산되고 다수의 소주주 집단이 그 소유주식 수로 유의미한 지배를 할 수 없게 되며, 주주총회가 형식적 의결기관화 되어 실질적으로 경영자의 의사가 기업조직의 기본적 방침을 지배하게 됨에 따라 전문적 경영능력과 지식을 가진 전문경영자가 등장하게 된 것이다.

표 2-2 소유경영자와 전문경영자의 비교

구분	소유경영자	전문경영자
장점	• 최고경영자의 강력한 리더십 • 과감한 경영혁신 • 외부환경 변화에의 효과적 적응	• 기업문화, 민주적 리더십과 자율적 경영 • 객관적 경영관리와 전문화 · 합리화 추구 • 기업의 안정적 성장 • 전문인으로서의 직업윤리 소유
단점	• 가족경영, 족벌경영의 위험 • 개인 및 기업이해의 혼동 • 개인능력에 지나치게 의존 • 부와 권력의 독점	• 임기의 제한, 개인의 안정성 추구 • 주주 이해관계의 경시 • 단기적 기업이익 및 성과에 집착 • 각종 계량적 수치 경영

(1) 계층에 따른 분류방법

1) 일선경영자 (First-line manager)

현장경영자라고 불리는 일선경영자란 작업자의 활동을 감독하고 조정하는 경영자로서, 조직 내에서 최하위에 있는 경영자를 말한다.

일선경영자는 작업을 직접 실행하는 작업만을 감독하고 다른 경영자의 활동은 감독하지 않는다.

일선경영자의 예를 들면, 제조공장의 직장(foreman)이나 생산 감독자(production supervisor), 연구개발 부문의 기술 감독자(technical supervisor), 사무실의 사무 감독자(clerical supervisor)가 있다.

2) 중간경영자 (Middle manager)

① 중간경영자는 일선경영자를 지휘하는 데 주요 책임이 있으며, 때에 따라서는 작업자를 직접 지휘하는 경영자를 말한다.

② 중간경영자는 최고경영층에서 설정된 조직의 방침과 계획을 실행하는 데 일차적인 책임이 있다.

③ 특히 최고경영층과 같은 상위자의 요구와 자신의 하위자인 일선경영자 또는 작업자의 능력을 조화시키는 역할을 한다.

④ 예를 들면, 공장장이나 생산부문 담당경영자가 있다.

3) 최고경영자 (Top manager)

① 최고경영자는 조직에서 가장 수가 적으며, 조직의 전반적인 경영에 책임이 있는 경영자이다.

표 2-3 최고경영자의 새로운 유형

최고경영자	최고경영자의 유형
CEO(Chief Executive Officer)	대규모 기업에서 볼 수 있는 최고경영자 중의 한 유형으로 기업의 전략 담당 최고경영자를 말한다.
COO(Chief Operating Officer)	정해진 전략 아래 전반적인 기업운영을 자기 책임으로 수행하는 최고 집행 담당경영자를 말한다.
CIO(Chief Information Officer)	기업의 모든 정보시스템 기능(데이터베이스 구축, 정보기술 센터, 커뮤니케이션 네트워크, 컴퓨터 프로그램 개발, 컴퓨터 시스템 운영 등)의 의사결정에 책임을 지면서 CEO를 정보기술 측면에서 보좌하는 정보담당 최고경영자를 말한다.
CTO(Chief Technology Officer)	기업 내의 기술적 의사결정의 모든 과정을 책임지면서 CEO를 기술적인 측면에서 보좌하는 전사적 기술 담당 최고경영자를 말한다.
CFO(Chief Financial Officer)	사업구조 및 재무구조와 관련된 주요 의사결정과 관련하여 CEO를 보좌하는 재무담당 최고경영자를 말한다.
CKO(Chief Knowledge Officer)	지식경영 시스템을 도입하고 있는 기업에서 기업 내의 지식의 발견, 창조, 전파 및 활용, 제도적 장치 및 지식 인프라의 구축 등 지식을 기업의 주요 자산으로 구축하기 위한 전략적 책임을 지면서 CEO를 보좌하는 지식담당 최고경영자를 말한다.

② 조직계층상 최상층에 속하는 경영자를 말하며, 조직의 활동방침을 설정하거나 조직 외부의 환경과 상호작용을 하는 과업을 주로 맡는다.

③ 조직에 따라 명칭이 다르나 기업조직을 예로 들면, 회장, 대표이사, 사장, 부회장, 부사장 등이 있다.

(2) 조직 내 활동의 범위에 따른 분류방법

1) 직능경영자(Functional manager)

조직 내의 한 가지 직능적 활동 또는 부문에만 책임이 있는 경영자를 말하며, 기업에서는 인사부문, 마케팅부문, 생산부문, 재무부문과 같이 자신이 속한 부분의 활동에만 책임이 있다고 할 수 있다.

2) 전반경영자(General manager)

① 일반적으로 대기업과 같이 조직의 규모가 크고 복잡한 조직구조인 경우에 이용되는 개념이며, 조직의 하위단위의 모든 경영활동에 책임이 있는 경영자를 말한다.

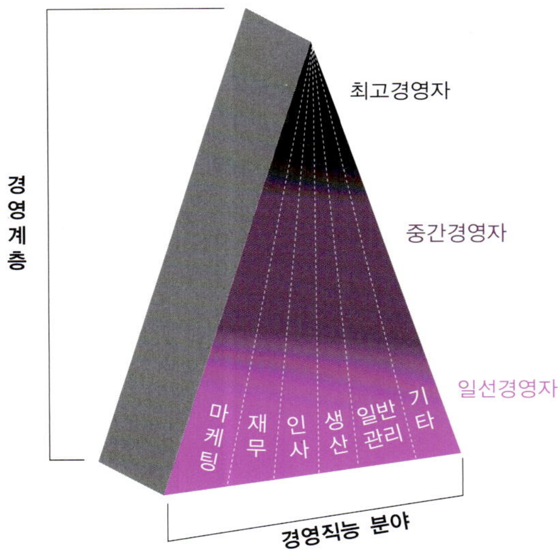

출처: 최신 경영학의 이해(박정민 외), 비앤엠북스, p27

그림 2-1 직능분야별 경영계층도

② 예를 들면, 자신이 속한 하위단위의 인사, 생산, 마케팅, 재무 등 모든 직능 분야에 책임이 있다.

SECTION 2 경영자의 역할

- 조직의 규모, 성격, 지향하는 목표에 따라 다양한 의미로 설명될 수 있다.
- 기업의 경우, 그 규모가 커지고 경영활동의 영역이 복잡하고 다양하게 전개될수록 경영자에 대한 중요성이 더욱 강조되며, 업무영역도 조직의 규모와 영리성과 비영리성의 업무 성격에 따라 다양하게 분화되고 있다.
- 민츠버그(H. Mintzberg)는 경영자의 역할을 실질적인 수행업무의 성격에 따라 분석한다. 공식적인 직위에 따라 부여받는 인간관계의 역할, 정보처리의 역할, 의사결정의 역할 등으로 설명하고 있다.

1. 인간관계 역할(Interpersonal roles)

① 대표자 역할 : 조직을 대표하여 각종 의식을 주관하고 공식적·비공식적 임무 수행

② 리더 역할 : 조직의 리더로서 하위자의 작업을 수행하거나 통제하는 역할

③ 연락자 역할 : 내외적 활동을 통해 기업 성장에 필요한 이해집단과의 사업적 네트워크 확대

2. 정보관리적 역할(Informational roles)

① 정보수집자 역할 : 기업 운영에 필요한 지식과 정보를 외부로부터 수집하고 모니터링

② 정보전파자 역할 : 업무 수행에 필요한 지식과 정보를 적절히 가공하여 구성원에게 전달

③ 대변자 역할 : 기업의 홍보를 위해 내부적 능력을 정보화하여 대내외적으로 전달

3. 의사결정 역할(Decisional roles)

① 기업가 역할 : 조직의 성과를 증진시키기 위하여 조직 활동의 변화를 창출하는 역할

② 자원의 분배자 역할 : 조직 내의 인적·물적 자원에 대한 효율적 배분을 통해 경영능률을 극대화하는 역할

③ 협상자 역할 : 기업 외부에서 발생하는 분재의 해결과 내부적 다양한 요구에 대한 조정과 중재 및 협상의 대표적 역할

SECTION 3 경영윤리

1. 경영자가 갖추어야 할 경영기술

• 프랑스의 경영학자 페이욜(H. Fayol)은 경영자가 갖추어야 할 경영자의 기본 자질을 개념 자질, 대인관계적 자질, 기술적 자질 등으로 구분하였다.

• 기업의 최고경영자, 중간 관리, 일선 관리자 등 세 가지 경영계층의 업무적 특성에 따라 필요한 각기 다른 경영자적 자질을 다음과 같이 설명할 수 있다.

(1) 개념적 자질

① 조직의 모든 이해관계와 활동을 조정하고 통합할 수 있는 기술을 말한다.

② '기업과 경영 환경과의 관련성에 대한 인식능력' 이나 '특정한 경영 상황에 대한 적응 능력' 등 조직의 각 부분은 서로 어떤 연관성이 있으며, 한 부분에서의 변화가 조직 전체에 어떤 영향을 미칠 것인가를 예측할 수 있는 능력을 말한다.

③ 특히 최고경영자에게 상대적 중요성이 요구되는 경영기술이다.

(2) 인간관계적 자질

① 경영자가 개인 또는 집단의 일원으로서 다른 사람 또는 집단과 더불어 일하고, 의사소통을 하고, 이해하고, 동기부여를 할 수 있는 기술을 말한다.

② 조직과 각 개인에 대한 이해를 통한 팀워크화 능력 등 인간관계적 기술은 중간경영자에게 상대적으로 중요한 경영기술이다.

(3) 기술적 자질

① 전문화된 활동을 수행하는 데 필요한 기술, 즉 특정업무 분야와 관련된 지식을 이용할 수 있는 능력을 말한다.

② 전문영역에서의 작업 기술의 적용능력이나 작업 수행의 기술적 숙련도 등 경영자가 자신의 하위자를 감독하고 관리하기 위해서는 그 분야와 관련된 전문지식이 없이는 불가능하며, 조직계층의 경영자는 현장업무와 관련 기술을 갖고 있어야 한다.

③ 특히 일선경영자에게 가장 중요한 경영기술이다.

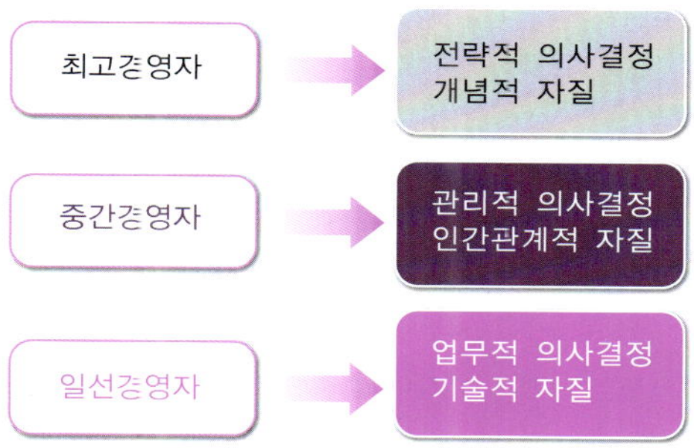

그림 2-2 경영자의 자질

2. 경영자의 능력

① **추진력** : 경영자는 자신의 욕구와 목표를 달성하기 위해 강력한 추진력 소유

② **인간관계 관리** : 팀워크의 확보능력, 우호적 관계의 유지

③ **전문적 기술력** : 경쟁사보다 나은 제품과 서비스를 생산·공급

④ **커뮤니케이션** : 경영의 효과적 목표달성은 이해관계 당사자들과 원활한 의사소통

⑤ **의사결정능력** : 상황의 변화에 대응할 수 있는 대안과 최종안의 비교·선택

⑥ **사업화 능력** : 다양한 창의력 및 풍부한 경험과 추진력 및 상황분석에 대한 노하우

⑦ **국제경영능력** : 글로벌 관리능력의 필요성

⑧ **위기관리능력** : 경영 환경의 여건 변화에 대한 급속한 대처 능력

3. 대리인 문제

(1) 대리인 문제의 발생 배경 : 전문경영자의 출현

① 소규모 개인 기업을 하는 경우에는 기업의 소유주가 곧 경영자인 경우가 대부분이다. 이를 소유경영자(owner manager)라고 한다.

② 기업이 점차 커지면 그에 비례하여 마케팅 부문이나 생산부문, 인력관리 부문, 정보관리 부문 등의 업무가 늘어나게 됨으로써 소유경영자 혼자 감당하기 힘들어진다. 이때 소유경영자는 경영자를 고용해 경영의 일부를 맡기게 된다. 이러한 경영자를 고용경영자(employed manager)라고 한다.

③ 한편, 주식회사가 기업의 일반적인 형태가 되면서 새로운 경영자가 나타나게 되면서, 소유와 경영을 분리하여 전문경영자(professional manager)에게 경영을 위임하면서 대리인 문제를 발생시키게 되었다.

(2) 대리인 문제점

기업을 소유하고 있는 주주는 기업 경영을 위한 대리인으로 고용한 전문경영자가 기업의 이윤극대화를 통해 주가 상승과 고율의 배당으로 자신들의 부를 극대화하여 줄 것을 기대하며 일체의 경영에 관한 권한을 위임하였으나, 경영자는 주주의 부보다 자신의 이익과 안위에 더 큰 관심을 갖는 도덕적 해이(moral hazard)로 인해 주주와 경영자 간에 문제가 발생하게 되는데 이를 대리인 문제라고 한다.

① **자산의 사적 소비** : 경영자는 자신의 업무추진비의 과다 책정, 사무실 집기 교체, 승용차 교체와 업무 외 사적인 사용, 실적에 대한 과다 성과급 요구 등으로 기업자산을 소비한다.

② **단기실적 우선주의**

- 경영자는 자신의 임기가 주주총회에서 결정되므로 주총이 시작되기 전 경영실적을 극대화하기 위한 노력에 주력함으로써 장기적 계획보다는 단기적 실적에 치중하는 경영을 하게 된다.
- 따라서 고객과 소비자의 신뢰를 상실하는 계기를 만들 위험성이 있는 경영을 할 수 있다.

③ **잔여손실**(residual loss) : 자신의 직위 유지에 연연하는 경영자는 투자 실패

에 따르는 책임을 회피하기 위해 고수익 고위험의 투자안을 회피하며, 소극적으로 대처하여 기업가치의 손실을 만든다.

④ 감시비용(monitoring cost) : 주주는 대리인이 주주들을 위하여 경영활동을 하는지, 대리인 자신의 이익을 추구하고 있는지 않은지 감시한다. 이때 발생하는 비용으로 성과급, 주식 옵션, 사회이사제도, 외부회계감사 등이 있다.

⑤ 확증비용(bonding cost) : 대리인인 전문경영자는 자신의 경영활동과 의사결정이 주주를 위한 것임을 주주들에게 증명하려고 하는데, 이때 소요되는 시간적·경제적인 노력의 대가로 들어가는 비용을 확증비용이라고 한다.

4. 경영자의 사회적 책임 범위

(1) 사회적 책임이 요구되는 이유

① 증가되는 환경요인 간의 상호작용
② 시장의 불완전성
③ 외부불경제
④ 기업영향력의 증대

(2) 기업의 사회적 책임 범위

기업에 요구되는 사회적 책임의 범위는 고전적인 견해로서, 기업에 최소한의 사회적 책임만을 주장한다.

① 기업은 기업 소유주 부의 극대화 또는 이윤 극대화를 추구하되, 법적인 한계만을 지키면 된다는 주장이다.

② 다른 한 가지는 기업에게 최대한의 책임을 주장하는 것으로서 기업은 사회의 모든 구성원에 대해 책임을 가져야 한다는 주장이다.

③ 고전적 견해는 자연법에 의한 예정된 조화를 강조하는 만큼 기존 세력의 입장을 정당화하기에 유리하다고 볼 수 있다. 사회가 건전하게 발전하는 데 있어서 자유와 평등은 수레의 두 바퀴와 같다고 할 수 있을 것이다. 그래서 모든 문명국가들은 개인의 자유 못지 않게 사회적 평등 또한 지향해야 할 중요한 가치 기준으로 삼고 있으며, 기업을 향해 사회적 책임을 요구한 사람들의

주장을 사회경제적 견해(the socioeconomic view)라고 한다.

④ 기업은 경영자에 의하여 운영된다. 따라서 기업의 사회적 책임은 종종 경영자의 사회적 책임이라고도 한다.

첫 번째, 기업의 유지, 발전에 대한 책임이다.

- 기업은 국가경제에서 생산주체로서 중요한 역할을 수행하고 있다.

두 번째, 기업의 이해관계자에 대한 책임이다.

- 구체적인 책임내용으로는 소유주·주주에 대한 책임, 종업원에 대한 책임, 소비자에 대한 책임, 지역사회 및 정부에 대한 책임 등이 있다.

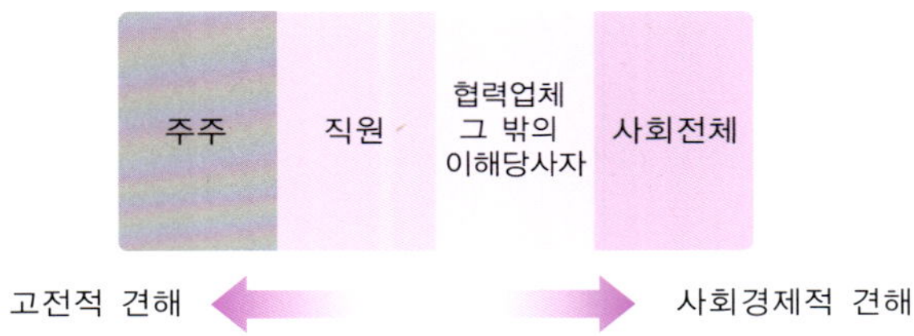

출처: S. Robbins & Coulter(2005), Management, p.101.

그림 2-3 경영자의 사회적 책임 범위

과제 및 토론

1. 뷰티 경영자의 유형 중 소유경영자와 전문경영자의 차이점에 대해 토론해 보시오.

2. 뷰티살롱에서 경영자의 역할에 다해 토론해 보시오.

3. 경영자로서의 사회적 책임에 대하 토론해 보시오.

A Process of Buisness Administration

Chapter 3

경영학의 발전과정

Chapter 3 경영학의 발전과정

SECTION 1 초기 경영이론

1776년 아담 스미스(A. Smith)가 자신의 「국부론(The Wealth of Nations)」에서 '분업(division of labor)에 의한 생산성 향상 능력' 의 장점을 전파했다. 그에 의하면, 핀을 만드는 공정을 혼자서 처음부터 끝까지 다 하면 하루에 1인당 10개 정도의 핀을 만드는 데 비하여, 10명이 핀 작업을 분화하고 전문화하여 작업을 하면 하루에 무려 48,000개 정도의 핀을 만들 수 있다고 한다.

또 하나의 중요한 사건은 18세기에 영국에서 시작된 산업혁명(industrial revolution)이다.

산업혁명은 인력에 의해 이루어지던 재화 생산을 기계로 대체하게 했고, 가내수공업 형태의 생산방식을 공장에서의 대량생산방식으로 바꾸는 계기가 되었다.

초기경영이론	고전적 경영학	행동학적 경영학	계량 경영학	현대 경영학
· 인적 자원론 · 분업과 전문화 · 과학적 관리론 · 임금체계론	· 과학적 경영론 · 관리적 경영론 · 관료적 경영론	· 호손 실험 · 욕구5단계설 · 인간본질론 (X-Y이론) · 성숙 · 미성숙 이론	· 경영과학 · 운항관리 · 경영정보 시스템	· 시스템이론 · 상황적응론 · chaos이론 · Z이론

그림 3-1 경영학의 발달

1. 로버트 오웬(Robert Owen, 1771~1858)

영국 웨일즈 출신의 오웬은 기업가인 동시에 사회개혁주의자로서 '조직에 있어서 인적 자원의 중요성' 을 최초로 인식하였다.

사회적 발달은 '교육을 통한 바른 인성의 개발' 에 의한다고 주장하며 유치원 설치 등 교육체계의 개선과 경영에 있어 '인적자원의 중요성' 이 강조되는 새로운 계기가 되었다. 그리고 이를 위한 생산현장과 노동자의 근로 및 주거환경, 위생조건, 도로 확충 등의 사회적·교육적 생활환경의 개선에 기여했다.

2. 찰스 배비지(Charles Babbage, 1791~1871)

영국 케임브리지 대학의 교수로서 혁신주의적 경제학자이며 수학자였던 찰스 배비지는 '규모의 경제와 분업' 의 중요성을 강조하였다

다양한 직무 분할을 통한 정신적·육체적 작업의 전문화와 '숙련제한 원칙' 등을 통해 숙련도 제고에 따른 기능의 극대화, 생산의 효율성 증대 및 이에 따른 수익 증가에 대한 이익분배제도를 도입하여 인센티브 제도를 개념적으로 소개하였다.

그는「기계 및 생산의 경제(On the Economy of Machinery and Manufactures)」에 분업의 중요성과 설비 및 원재료의 효율적인 이용을 위해 수학을 이용해야 한다는 것을 밝혔다.

SECTION 2 고전적 경영학

합리적 이성주의의 인간론에 대한 가정으로 태동한 고전적 경영이론의 흐름은 첫 번째로 산업혁명 전후 유럽의 독일을 중심으로 영국과 프랑스에서 발달한 이론적 경영학, 두 번째로 남북전쟁을 계기로 미국에서 발달한 생산현장의 실무적·실용주의적 관리를 강조하는 실천적 경영학으로 구분한다.

생산현장의 작업능률과 조직에 관한 분석 및 효율적 관리를 강조하는 고전적 경영이론은 다양하게 확대되는 경영조직의 과학적 관리에 많은 도움을 주었다.

고전적 경영학(Classical approaches to management)은 생산현장의 작업 능률과 조직에 관한 분석과 효율적 관리를 강조하면서, 다양하게 확대되는 경영조직의 과학적 관리에 많은 도움을 주었다.

고전적 경영이론의 중요한 흐름은

① 미국 프레드릭 테일러(Frederik W. Taylor)의 생산과정에 대한 과학적 분석에 따른 과학적 관리론이다.

② 프랑스 헨리 페이욜(Henry Fayol)의 경영관리의 1차적 대상을 노동자가 아닌 상위 관리층으로 하고 이들의 경영활동에 대한 원칙을 적용하려는 경영과정에 관한 관리의 관리원칙론이다.

③ 독일의 막스 베버(Max Weber)가 주장하는 합리적이며 합법적인 권한에 의한 권위와 명령의 계층구조를 강조하는 관료적 조직론이다.

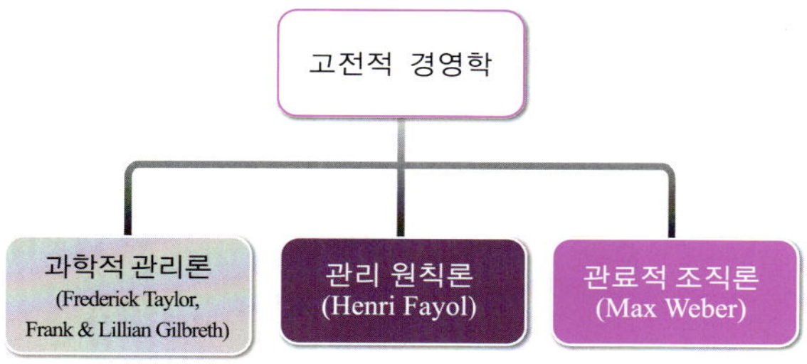

그림 3-2 고전적 경영학 이론

1. 과학적 관리론(Scientific Management)

(1) 테일러의 과학적 관리법

테일러(Frederick Taylor : 1856~1915)는 미국 펜실베이니아주의 베들레헴(Beth-lehem)이라는 철강회사에서 일하면서 지속적으로 노동자의 업무효율성이 낮다는 사실에 관심을 가졌다.

노동자들은 똑같은 일을 하는데도 각자 서로 다른 방법으로 일을 하고, 그들이 가진 능력의 3분의 1 정도만 발휘하였으며 작업에 대한 표준도 없었고 노동자들의 각자 소질이나 능력과 관계없이 업무에 배치되어 있었다.

테일러는 과학적 관리법 또는 과학적 관리론(scientific management)을 적용하여 동작연구(motion study)와 시간연구(time study)라는 개념을 도입해 작업량의 표준화와 효율적인 작업방법을 제시하였으며, 그 결과로 자신이 근무한 베들레헴 철강회사에서 400% 정도의 운반작업에 대한 능률을 향상시키는 효과를 경험하게 되었다.

결과적으로 과학적 관리론은 종업원의 개인적 능력과 경험보다는 설비와 장치를 통한 대량생산의 실현과 이를 통한 경영자의 이윤 극대화를 위한 임금관리론으로 경영자의 통제와 명령에 의한 일방적인 경영관리의 방법을 선호하고 있으며, 조직 전체에 대한 합리적 운영보다는 작업과 노동의 능률 극대화를 위한 공장과 생산과정의 내부적 합리화를 원칙으로 하고 있다.

(2) 생산방법의 개선을 위해 테일러가 제시한 4가지 원칙

① **원칙 1** : 어떤 한 개인의 작업을 구성하고 있는 각 세부 구성요소, 즉 단위 작업에 대하여 동작원칙, 표준화된 작업절차, 적절한 작업환경 등을 포함한 '과학적 방법(테일러는 이를 단순히 'science' 라고 불렀다)' 을 개발한다.

② **원칙 2** : 작업자들을 과학적으로 선발하여 훈련시키고, 교육하여 그들의 능력을 개발한다.

③ **원칙 3** : 앞서 개발된 '과학적 방법' 의 원칙에 따라 모든 작업이 수행될 수 있도록 작업자들이 서로 진심으로 협조하도록 한다.

④ **원칙 4** : 작업과 책임을 관리자와 노동자 간에 균등하게 배분한다.

아울러 그는 초기적인 형태의 성과급제를 실시하여 모든 작업자에게 동일한 임금을 주던 기존의 관행을 깨고 각 작업자의 성과가 목표를 달성하거나 초과달성하는 경우에는 임금을 차등지급하였다.

그러나 과학적 관리론은 노동자가 잠시도 쉴 틈을 주지 않고 몰아세우는 방편일 뿐만 아니라 동종의 산출량에 필요한 인력의 수를 줄여 일자리를 줄이게 된다는 비판도 있었다. 테일러의 과학적 관리론에 대한 이론적 발전은 길브레스 부부(Frank & Lilian Gilbreth)의 연구에 의해 이루어졌다.

(3) 길브레스 부부(Frank & Lilian Gilbreth)의 과학적 관리법

건설업자와 심리학자였던 길브레스 부부(1868~1924)는 사람의 동작 중에서 불필요한 동작을 찾아 이를 줄이고자 다양한 연구를 했으며, 작업의 성과를 극대화할 수 있는 각종 도구와 장비 개발에 관심을 가졌는데 그 연구 중에서 가장 대표적인 것은 벽돌쌓기에 관한 것이다.

그 결과로 벽돌공의 작업 위치와 벽돌쌓기의 육체적 동작을 18개에서 5개로 줄이는 데 성공하여 200% 이상의 생산성 향상을 가져왔다.

이를 계기로 작업자의 동작과 피로도 간의 관계를 연구하게 되었으며, 동일한 작업도 동작을 줄여 주면 피로가 감소한다는 것을 발견하였다.

길브레스 부부는 작업자의 동작 연구를 위하여 마이크로미터(micrometer)라고 불리는 모션 픽처(motion picture)기계를 개발하여 활용하였고, 이 기계로 작업자의 동작을 기록한 다음, 하나하나 분석함으로써 육안으로는 발견할 수 없었던 불필요한 작업동작을 찾아내어 제거하였다.

또한 그들은 서블릭(therbligs : 이들 부부의 영문자 성인 'gilberth'을 거꾸로 쓰되, 'th' 부분은 한 글자로 한 것)이라고 불리는 것을 발표했으며, 내용은 인간의 모든 동작은 17개의 기본적인 동작으로 이루어져 있다는 것이다.

(4) 과학적 관리법이 관리자에게 주는 시사점

① 작업에 있어서 불필요한 동작을 제거하기 위하여 동작 및 시간 연구를 할 것

② 각 작업에 최적인 작업자를 고용 또는 배치할 것

③ 작업자가 능력을 최대한 발휘할 수 있도록 훈련시키고, 또한 감독자가 지원할 수 있도록 감독자를 훈련시키며, 성과에 근거한 보상체계를 도입하는 것이다.

표 3-1 서블릭

번호	기호	명칭	기호설명	번호	기호	명칭	기호설명
1		빈손이동	빈 접시 모양	10		찾는다	눈으로 물건을 찾는 모양
2		잡다	물건을 잡는 모양	11		선택	선택한 물건을 찾아낸 모양
3		운반	접시에 물건을 담은 모양	12		생각한다	머리에 손을 대고 생각하는 모양
4		위치설정	물건이 손가락 끝에 있는 모양	13		전치	볼링핀 모양
5		조립	조립시킨 모양	14	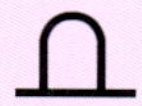	유지	자석에 쇳조각이 붙어 있는 모양
6		사용	영어의 유스(use)의 머리글자 모양	15		휴식	사람이 의자에 앉아 있는 모양
7		분해	조립된 것으로부터 하나를 뗀 모양	16	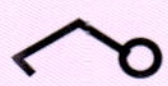	피할 수 없는 지연	사람이 걸려 넘어진 모양
8		놓다	물건을 담은 접시를 거꾸로 한 모양	17		피할 수 있는 지연	사람이 누워 있는 모양
9		검사	렌즈 모양				

2. 관리적 원칙론(Principles of management)

프랑스인이었던 헨리 페이욜(Henri Fayol:1841~1925)은 1949년 발간된 「일반 및 산업경영(General & Industrial Management)」을 계기로 널리 알려지게 되었으며, 광산회사의 기사에서 전무에 이르기까지 풍부한 실무 경험을 바탕으로 제시한 14개의 경영관리원칙은 관리자의 의무와 관리원칙을 규정하고, 영리와 비영리의 모든 조직에 대한 적용을 주장하였다.

관료조직이란 분업, 명확히 정의된 계층, 세부적인 규칙과 규제, 비개인적 관계의 특징을 갖고 있는 조직을 말한다. 관료조직은 합리성, 비개인성, 기술적 능력 및 권위주의를 강조하였다는 점에서 과학적 관리와 유사성이 있다.

테일러의 연구가 작업계층과 생산 및 공장의 기술적 문제에 대한 관리 능력의 기술적 중요성을 강조하였다면, 페이욜(Henry Fayol)은 경영과정상의 최고경영층의 경영관리기능과 활동에 대한 보편타당한 일반적 원칙에 대한 적용을 연구하였다.

표 3-2 페이욜의 관리 일반 원칙

원칙	내용
① 분업(division of work)	전문화에 의한 생산성 제고, 분업화의 개인적 한계성 유의
② 권한(authority)	관리자는 명령과 권위가 수반
③ 규율(discipline)	조직구성원은 제도와 규칙을 준수
④ 명령일원화의 원칙(unity of direction principle)	하위 조직 구성원은 오직 1명의 상급자로부터 명령
⑤ 지휘통일화의 원칙(unity of direction principle)	성과의 목표가 동일한 모든 활동의 지휘는 오직 한 사람에게 부여
⑥ 공동목표우선(subordination of individual interest to the general goal)	종업원 각 개인이나 집단의 이익보다는 전체의 이익을 우선
⑦ 보상(remuneration)	종업원의 공정한 보상
⑧ 집권화(centralization)	조직의 권한 가능한 상위계층 집권화
⑨ 계층화의 원칙(scalar chain principle)	조직권한은 위에서 아래로, 보고체계는 의사소통방식
⑩ 질서(order)	인적 · 물적 자원에 대한 적재적소의 공급과 배치
⑪ 공정(equity)	종업원의 충성과 기여에 공정
⑫ 고용안정(stability of personnel)	종업원의 신분안정
⑬ 단결(esprit de corps)	단결에 의한 팀워크는 생산성 향상과 조직조화
⑭ 주도권(initiative)	주도권을 가지고 계획을 수립, 수행하면 종업원의 동기부여 향상

3. 관료적 조직론(Bureaucracy)

19세기 독일의 사회학자 막스 베버(Max Weber: 1864~1920)는 그의 저서 「사회 및 경제조직의 이론(Theory of Social and Economic Organizations)」이 영어로 번역된 1947년에 비로소 알려지기 시작하였다.

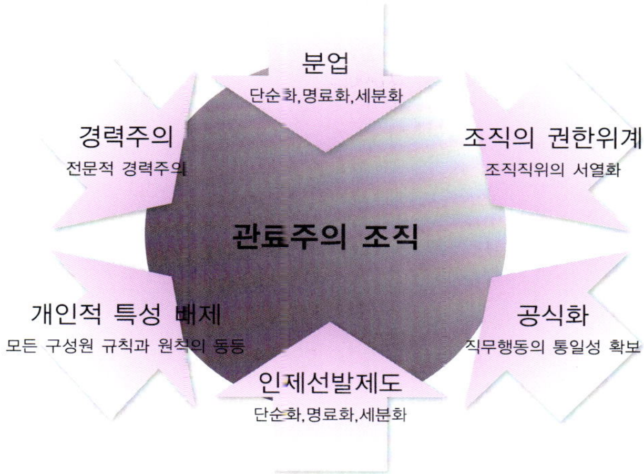

그림 3–3 Max Weber 이상주의 관료주의 조직원칙

그는 권한의 구조에 관한 이론을 개발하였으며, 조직 활동을 주로 권한관계를 기초로 설명하였다.

그에 의해 제시된 관료주의(bureaucracy)란 합리적이고 이상적이며 매우 효율적인 조직은 분업, 공식화, 합리성, 비개인성, 기술적 능력 및 권위주의, 공식적인 규칙과 절차, 인간적인 면을 배제한 관계 및 경력주의 등의 원칙에 근거한다는 것이다.

4. 고전적 경영이론의 한계

① 경험에만 지나치게 의존함.

② 검증되지 않은 가정이 많음.

③ 비공식적 조직을 고려하지 않음

④ 의도되지 않은 결과를 가져올 수 있음.

⑤ 인간을 기계와 동일하게 취급함

⑥ 조직의 외부환경을 고려하지 않음.

SECTION 3 행동학적 경영학

1920년대 들어서 조직에서 인간에 초점을 둔 연구가 본격적으로 이루어지기 시작했다.

업무적 구조화와 통제를 통한 능률 향상을 목적으로 한 고전적 경영학 이론은 조직과 직무를 기계적인 관점에서 이해했으며, 조직을 하나의 기계로 간주하고 작업자를 기계의 부속으로 간주하여 주로 개인의 행동을 통제하고 표준화하는 데 초점을 두었다.

그러나 고전적 경영이론은 만족할 만한 생산효율과 작업현장에서의 조화를 이룩하는 데 실패하였다.

실패의 가장 큰 원인 중의 하나는 사람이 항상 기대한 행동유형을 따르지 않는다는 것이다. 따라서 조직을 구성하고 있는 사람의 측면에서 사람을 효율적으로 관리하는 데 관심을 두기 시작하면서, 행동학적 경영이론이 출현하게 되었다.

행동학적 경영이론은 조직 내에서 개인의 태도, 행동 및 집단과정 등의 인간행동을 중요시하는 이론으로 대표적인 사람으로는 인간관계운동(Human relations movement)의 발판을 이룩한 엘튼 메이요(Elton Mayo), 인간관계운동을 행동과학으로 발전시킨 더글라스 맥그리거(Douglas McGregor), 크리스 아지리스(Chris Argyris), 에이브러햄 매슬로우(Abraham Maslow) 등을 들 수 있다.

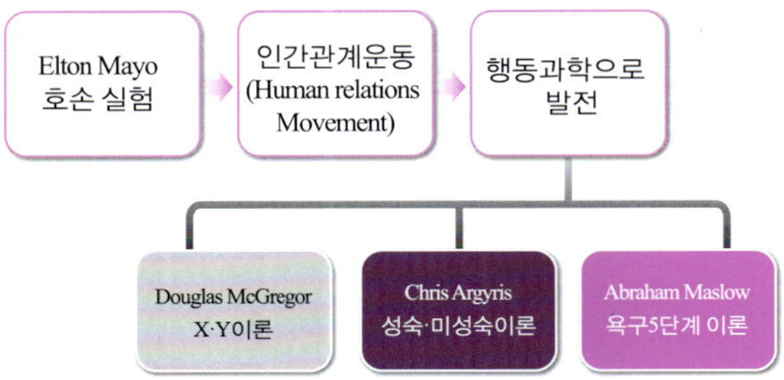

그림 3-4 행동학적 경영학의 학자와 이론

1. 엘튼 메이요(Elton Mayo)의 호손 실험

1927~1932년 사이에 웨스턴 일렉트릭(Western Electric)사의 시카고 근교에 있는 호손 공장(Hawthorne plant)에서 메이요와 그의 동료 프리츠 레스리스버거(Fritz J. Roethlisberger)와 윌리엄 딕슨(William Dickson) 등에 의해서 수행된 일련의 연구였다. 당시 메이요는 하버드대학의 교수 겸 경영자문가였다.

1924년 호손 공장의 연구자들은 호손 연구(Hawthorne Studies)라고 부르는 1차 실험을 하였다. 이 실험의 목적은 소음, 조명, 온도 등의 물리적 환경이 생산성에 미치는 영향을 연구하는 데 있었다. 그래서 작업자들은 실험집단(experiment group)과 통제집단(control group)으로 나눈 후 통제집단에 대해선 조명을 항상 일정하게 한 반면에 실험집단에는 조명밝기를 다양하게 해보면서 두 집단의 생산성을 비교해 보았다.

실험결과는 조명도 등의 작업환경 변화가 심하게 나타나는 경우를 제외하고는 모두 생산성이 오히려 증가하여 가설을 전면적으로 부정하는 예상 외의 결과가 나타났다. 따라서 생산성을 좌우하는 요인은 작업환경보다 내적인 심리적 요인인 것으로 결론 나게 되었으며 비공식조직에 의한 인간관계적 요인과 사기, 리더십, 비공식조직 등의 요인이 중요한 경영요소로 주목받게 되었다.

따라서 호손 실험의 결과르 메이요가 내린 결론은 다음과 같다.

① 인간의 행동과 태도는 서로 관련이 있다.
② 집단은 개인의 행동에 영향을 미친다.
③ 집단의 기준 또는 표준은 개별 노동자의 생산성을 결정한다.

이러한 결론에 따라 조직에서의 인간행동에 영향을 미치는 요인이 강조되게 되었으며, 작업자의 사회적 환경과 같은 비공식적 작업집단이 생산성에 영향을 미치고, 경영자의 요구보다는 **동료 작업자와의 관계나 우정 등에 의해 형성된 작업집단의 압력이 생산성**에 더 많은 영향을 미칠 수 있다는 **호손 연구**(Hawthorne Studies)**는 1950년대와 1960년대의 인간관계운동**(Human relations movement)**의 출현에 큰 영향을 미쳤다.**

2. 매슬로우의 욕구단계론(Hierarchy of needs therory)

호손 연구의 결과를 토대로 출현한 것이 인간관계운동이며, 작업자는 작업장에서 사회적 조건, 감정, 대인관계적 상황 등 사회적 맥락의 차원에 일차적으로 반응한다는 이론이다.

인간관계운동의 근본적인 가정은 작업자에게 경영자가 관심을 많이 둘수록 작업자의 만족감은 증가하며, 이는 보다 높은 성과를 가져온다는 것이다.

매슬로우(1908~1970)는 인간의 욕구는 계층을 형성하며 고차원의 욕구는 저차원의 욕구가 충족될 때 동기부여 요인으로 작용한다는 욕구단계이론(needs hierarchy theory)을 제시하였다.

매슬로우는 개인의 행동을 결정하는 동기요인으로 이상의 다양한 욕구체계를 제시함으로써 **인간행동이론에 있어서 동기를 이해하는 데에 큰 기여를 하였다.**

① 생리적 욕구(physiological needs) : 가장 기본적인 욕구단계로, 인간의 기본적 본능에 따른 의식주에 관한 욕구이며, 가장 하위의 욕구이다.

② 안전의 욕구(safety and security needs) : 생리적 욕구가 충족되면 나타나는 욕구로, 개인생활영역의 안전을 보존하고 추구하는 욕구이며, 기업에서의 안전의 욕구는 연금제도·고충처리·의료보험·직업안정 등과 같은 구조적 조력에 의한 정서적 욕구이다.

③ 사회적 욕구(social needs) : 사회에 소속되어 집단에 속한 일원으로서의 의미를 찾으려고 하는 욕구이며, 인간의 사회성에 대한 욕구의 형태로 사랑과 애정·소속과 친교·동료의식 등이 강한 공동체 집단의식의 욕구이다.

④ 존경의 욕구(esteem needs) : 타인에 의한 인정과 존경을 욕구하는 단계이며, 자신의 능력과 성취에 대한 바람의 내적인 존경의 욕구와 함께 성취에 의한 결과로 자신의 존재에 대한 가치 인정과 더불어 존경의 대상이 되려는 외적 존경의 욕구를 의미한다.

⑤ 자아실현의 욕구(self-actualization needs) : 인간이 추구하는 최종적인 욕구로서 자기 완성을 위한 잠재능력의 최대한 발휘와 함께 성취의 욕구를 충족시키고자 하는 연속적 욕구이다. 개인적 노력, 도전의식, 창의력, 성공과 승진의 욕구의 적극적 표현이다.

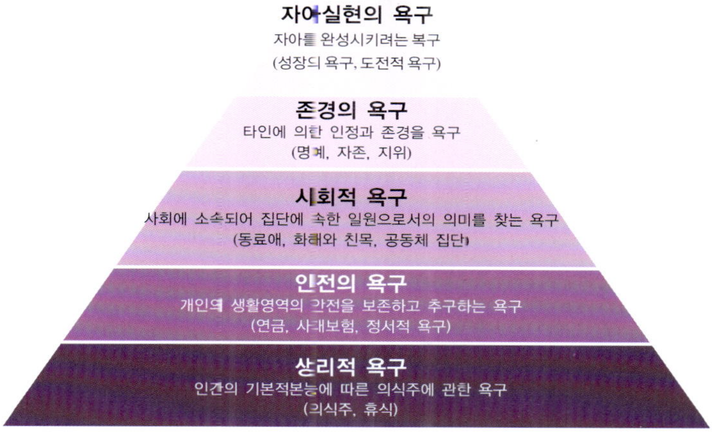

그림 3-5 매슬로우의 욕구단계이론(needs hierarchy theory)

3. 맥그리거의 인간본질론(X-Y이론)

더글라스 맥그리거(Douglas Mcgregor, 1906~1964)는 1960년 「기업의 인간적 측면(the Human Side of Enterprise)」을 통해 X이론(Theory X)과 Y이론(Theory Y)을 제시함으로써 조직에 있어서 인적 자원의 통제 근거를 밝혔다.

이 이론은 인간본질에 대한 가정을 두 가지(X이론, Y이론)로 크게 구분하여 각기 특성에 따른 관리전략을 처방하는 동기부여이론이다.

맥그리거의 가설에 의하면, 구성원에 대한 X이론의 인간관은 기본적인 인간의 행동양식을 게으름·신뢰부족·업무의 회피·무책임·야망 부재·현상유지 등의 수동적 양태로 규정하고, 창의력이 없는 강제적 명령·통제·지휘 및 금전적 보상을 선호하는 외재적 요인의 관리 대상으로 규정하여 이에 따른 조직운영전략의 필요성을 강조하였다.

반면에 Y이론의 인간관은 적절한 동기부여에 의해 업무를 즐기는 책임감이 충만한 존재로 자기 통제력, 자율성, 창조력, 자존감, 자아실현의 욕구가 충만한 능동적 존재이며 노력과 발전적 성향의 인간관으로 가정하고 자율과 참여의 인본주의적 관리를 강조하였다.

표 3-3 맥그리거의 X·Y이론

X이론의 가정	Y이론의 가정
• 사람은 본래 일하기를 싫어하며 가능하면 일을 피하고자 한다. • 사람은 야망이 별로 없으며, 책임을 회피하려고 하며, 명령 받기를 좋아하고, 안전을 추구한다. • 사람은 책임감이 없고 변화를 싫어한다. • 사람은 앞장서기보다는 끌려 다닌다. 따라서 조직목표를 달성하기 위해서는 강제, 명령, 처벌 등의 방법을 이용해야 한다.	• 사람이 일을 한다는 것은 자연스러운 현상이며, 스스로 책임을 지려고 하며, 그것을 추구하며 정신적 · 육체적 휴식도 같이 인식한다. • 사람이 조직목표에 관계하게 되면 자기 지향과 자기 통제를 이용한다. • 개인이 조직목표를 위해 얼마나 헌신하느냐는 목표달성과 보상 간의 함수관계에 의해 결정된다. • 사람은 조직문제를 해결할 수 있는 창의적 능력이 있다. • 사람은 스스로 방향을 설정한다.

4. 아지리스(Chris Argyris)의 성숙·미성숙이론

매슬로우와 맥그리거에게서 영향을 받은 아지리스(Chris Argyris)는 그의 저서 「인성과 조직(personality and organization)」에서 인간본성에 대한 새로운 주장을 내놓았다.

아지리스(1923~2013)는 경영자가 작업자를 지나치게 통제하면 작업자로 하여금 능동적이고 의존적인 행동을 유발하게 하여 책임을 회피하게 된다고 하였다.

그 결과로 작업자는 작업에 대하여 좌절감과 불만족을 느끼며 조직목표의 달성에 장애가 되는 행동을 하게 된다는 것이다.

따라서 **조직구성원이 스스로 목표을 세우고 스스로 욕구를 충족시킴으로써 성장과 성숙의 기회를 얻을 수 있도록 하는 새로운 관리전략**이 필요하다는 것이 아지리스의 성숙·미성숙 이론이다.

인성의 성장요건은 다음과 같다.

표 3-4 아지리스의 성숙·미성숙이론

미성숙단계	성숙단계
수동적	능동적
의존적	독립적
제한된 행동	다양한 행동
낮은 업무적 관심	높은 업무적 관심
단기적 시야	장기적 시야
종속적 직위 자아의식의 결여	우월적 직위 자아의식 강화와 통제 능력

SECTION 4 계량적 경영학

계량경영학은 제2차 세계대전이 종료된 후 전쟁기간을 통해 군사적 목적으로 개발된 수학적·통계적 방법과 다양한 도구가 1950년대 계량의사결정(OR : operation research)기법을 시작으로 기업에 대한 새로운 조직 관리의 경영기법으로 도입되어 사용되기 시작했다.

계량경영학은 다양한 수학적 모델, 통계자료, 컴퓨터를 이용한 기업 내외적 환경에 대한 자료를 전사적 데이터베이스화 하고 이들 자료를 이용한 시뮬레이션의 가정과 예측의 결과를 의사결정에 필요한 정보와 도구로 제공하여 계획의 과정으로부터 통제에 이르는 기업 경영의 전체 과정에 대한 계량적 관리기법의 모델링을 통한 최적화를 찾는 폭넓은 계량적 접근법을 의미한다.

계량적 기법에 의한 문제해결 방법은 전형적으로 다음의 단계를 따른다.

check point

문제의 발생 ⇒ 체계적인 분석 ⇒ 적절한 수학적(계량적) 방법론 탐색
⇒ 계산실행 ⇒ 최적해 도출

계량적 접근, 즉 OR은 경영현상을 수학적 모델이나 수식 연산과정으로 파악하고 연구하려는 것이며, 그 구체적인 방법인 선형계획(Linear Programming : LP)은 일정한 제약조건하에서 최적해를 도출하는 기법이고, 시뮬레이션(simulation)은 어떤 문제나 사회적 현상 등을 해결하고자 할 때 실제와 비슷한 계량적 모형을 만들어 놓고 변수값을 바꿔 가면서 반복적으로 계산하여 그 특성을 파악하는 기법이다.

또한 다른 방법들은 정보이론(information theory), 동적 계획(Dynamic Progra-mming : DP), 게임이론(game theory) 등이 있다.

SECTION 5 현대적 경영학

경영학에서 있어 이제까지 소개된 고전이론, 행동학적 이론, 계량적 이론에 이르는 모든 현대적 경영이론들은 기업조직과 구성원 그리고 경영환경을 통해 직면할 수 있는 조직구조, 과업배분, 권한분배 등의 문제들에 대한 효율적 해결방법의 모색을 위해 상호보완적인 관계의 개발과 관리 및 유지에 목적을 두고 있음을 알 수 있다.

현대경영학 이론에는 조직 내부의 다양한 하부조직들을 일체화된 전체적 조직으로 구성해야 할 대상으로 보고 이를 실행할 수 있는 이론적 체계의 필요성이 강조되면서, 이에 대한 새로운 접근방법으로 '시스템이론(system theory)' 과 조직요소 간의 다양한 함수관계에 의해 변화하는 상황에 대한 적절한 대응을 강조하는 '상황이론(contingency theory)', 'Z이론', '카오스(Chaos)이론' 등이 있다.

1. 시스템이론(System theory)

1960년대 프렌치(W. French) 등이 중심이 되어 조직을 하나의 유기체로 설명하려는 시스템이론이 대두되었다.

시스템(system)이란 한 가지 목적을 달성하기 위하여 상호작용하면서도 독립적으로 움직이는 상호의존적인 부분들의 집합체를 말하며, 개방시스템과 폐쇄시스템 및 하위시스템으로 나누어진다.

① **개방시스템(open system)** : 환경과 상호작용하는 시스템으로, 오늘날 대부분의 조직은 개방시스템이다. 즉, 자본, 노동, 전략, 정보 등이 투입되어 경영관리 활동이 이루어지고 각종 경영기법이 적용되며 종업원의 활동이 전개되면 결과물인 산출물이 나오게 된다. 그 결과는 다시 피드백 되는데 이러한 제 과정은 환경의 영향을 받으며 동시에 상호작용한다.

② **폐쇄시스템(closed system)** : 환경과 상호작용을 하지 않는 시스템을 말하며, 사람과 조직을 기계적인 관점으로 이해한 테일러의 과학적 관리는 조직의 내적인 측면만 강조한 폐쇄시스템의 관점이었다.

③ **하위시스템(subsystems)** : 하나의 시스템 내에 존재하는 시스템으로서 전체시스템을 구성하고 있는 구성인자를 말하며, 하위시스템도 자체적인 시스템을 갖고 있다. 기업에 있어서 마케팅, 생산, 재무, 인사 부문은 조직 전체 시스템의 하위시스템이라고 할 수 있다.

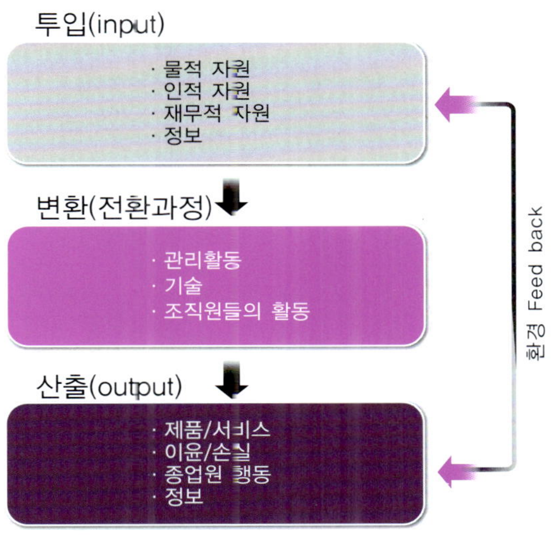

그림 3-6 조직의 시스템 접근

2. 상황적합이론(Contingency theory)

상황이론(contingency theory)을 최초로 적용한 사람은 영국의 번스와 스톨커(Thomas Burns and G. M. Stalker)였다. 그들은 영국의 방직공장과 전기제조업 등 여러 기업의 연구를 토대로 적절한 경영기술은 조직이 성취하고자 하는 과업의 종류에 의하여 결정된다는 결론을 얻었다.

과업이 기계적인 경우에는 효율과 고도의 전문화 및 행동에 대한 통제를 유지하기 위한 정교한 절차를 강조하며, 과업이 유기적인 경우에는 낮은 직무의 전문화, 효율보다는 창의성을, 통제보다는 자유를 강조하는 것으로 나타났다.

상황적합적 접근방법은 고전학파에서 시스템적 접근방법까지 모든 경영이론을 통합할 수 있는 접근방법으로서 경영활동과 조직의 성과에 영향을 미치는 내적·외적 변수가 구체적으로 무엇인가를 밝히려는 접근방법이다.

조직들은 모두 서로 다르고 또한 같은 조직이라도 시간의 흐름에 따라 변하기 때문에 계속해서 새로운 상황에 직면하게 된다. 따라서 관리기법도 각 상황에 가장 적합한 관리기법이 적용되어야 한다는 것이다.

따라서 상황이론은 '보편적 유일·최선의 방법(the best way)' 추구에서 벗어나 상황에 따라 적용가능한 방법과 전략의 '선택과 활용의 유효성(efficiency)' 을 강조하는 상황적 조건이론으로 평가되고 있다.

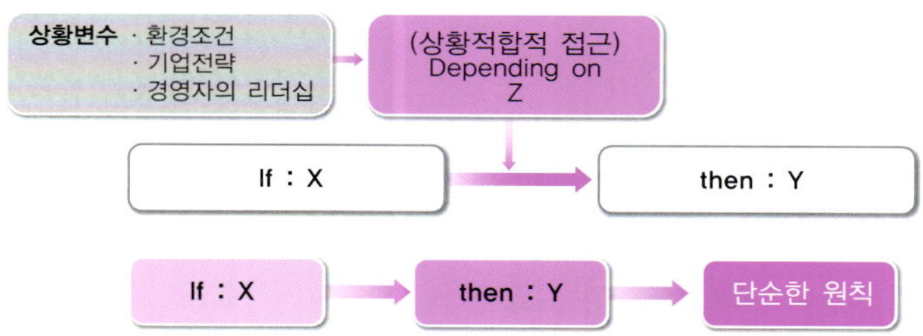

그림 3-7 상황이론의 접근방법

3. Z 이론

윌리엄 오우치(Ouchi)가 미국식 경영접근방식과 일본식 경영접근방식을 혼합하고 접목한 이론을 말한다.

1970~1980년대 일본기업이 세계무대에서 성공하면서 일본식 경영접근방식에 대한 관심이 커지고 이에 따라 미국기업들은 근로자의 의사결정과 과정 참여, 공동책임 부여와 격려, 비공식적인 통제개념을 적극 수용한다는 이론이다.

미국은 당시 기술과 과학적인 접근방식을 중시하고 개인적 차원의 인적 자원 활동에만 치중하여 생산성 향상이 정체되던 시기였다. 이런 상황에서 효율적인 협동작업을 통한 생산성 향상의 필요성이 대두되면서 이론이 발전하게 되었다.

미국의 B타입 경영방식인 단기고용, 개인적인 의사결정과 개인적 책임·신속한 평가와 승진·전문화된 경력 경로와 일본의 A타입의 경영방식인 종신고용·합의적 의사결정·집단적인 책임·비공식적인 통제와 비전문화된 경력 경로 등이 혼합되어 장기고용, 합의적 의사결정, 개인적 책임, 느린 평가와 승진, 비공식적인 통제와 공식적 측정, 적절한 전문화된 경력 경로, 가족을 포함한 전체 관심으로 발전되었다.

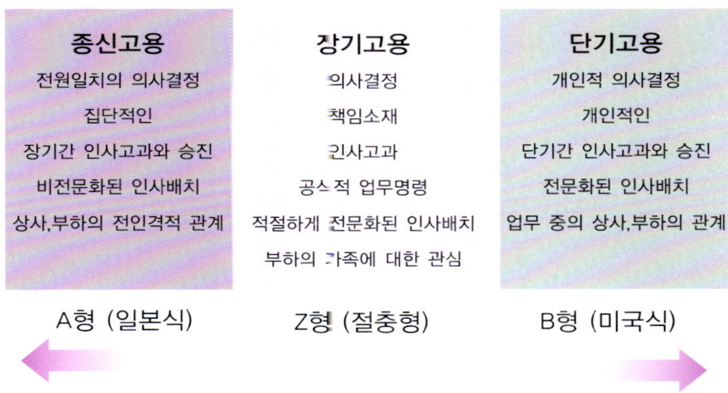

그림 3-8 Z형 이론

4. 카오스(Chaos)이론

1960 초반 미국의 기상학자 에드워드 로렌츠(Edward Lorenz)가 기상관측을 분석하다가 고안한 나비효과 원리는, 날씨의 예측이 어려운 이유가 지구상 어딘가에서 발생한 알 수 없는 작은 변화로 인해 점점 예측할 수 없는 기상의 이상 현상이 나타났기 때문이라는 것을 말한다.

멀리 떨어진 곳에서의 작은 움직임이 기상변화뿐만 아니라 지구상 곳곳에 전혀 예상하지 못하는 사태들을 발생시킨다는 의미이기도 하다.

예를 들면, 북경에 있는 나비의 날갯짓이 미국 텍사스에 거대한 허리케인을 발생시킬 수 있다는 가설을 만든다. 나비의 날갯짓이 공기의 입자들을 흔들었다고 그 영향으로 지구 다른 곳에 허리케인이 발생된다는 것은 당시 과학자들과 일반인들의 상식으로는 말도 안 되는 웃음거리 이론이었다.

그러나 1990년대 중반에 들어서면서 여러 과학자들의 연구 분석에 의해 나비효과의 타당성들이 하나 둘 입증되기 시작하였다.

우리 주변에서 일어나고 행해지는 많은 일들이 겉으로는 제각각 일어나는 것처럼 보이지만 실질적으로 모든 것은 서로 복합적이고 질서 있게 연관되어 있으며, 그 보이지 않는 상호관계 속에서 어떤 구체적인 인과관계들이 형성되고 있다.

이와 같이 어떤 작은 변화가 예상할 수 없는 엄청난 결과를 초래하는 것처럼 안정적이면서도 혼돈스럽고, 혼돈스러우면서도 안정적인 현상을 설명하는 것이 카오스이론이다.

(1) 카오스이론

말 그대로 혼돈이론이다. 혼돈 속에 숨겨져 있는 질서를 찾겠다는 이론이다.

① 겉으로는 불명확하고, 무질서하고 예측 또한 불가능해 보이지만 그 속에 그것 나름의 어떤 질서와 규칙성이 있는 현상을 설명하려는 이론이다.

② 카오스이론의 기본 전제는 자연현상에 내재된 복잡함의 원인이 무작위가 아니라 예측불허라는 것이다. 혼돈이라는 의미가 질서 없이 뒤죽박죽된 상태를 말하지만 여기서는 미래의 예측이 불가능한 현상을 말한다.

③ 카오스에 대한 연구가 여러 분야에서 활발하게 진행됨에 따라 이러한 예측불가능한 현상들의 배후에는 어떤 정연한 질서가 있음이 밝혀지고 있는데 그 알려지지 않은 법칙의 전모를 밝혀내는 것이 카오스 연구의 목적이다.

④ 카오스이론은 현재 물리학뿐만 아니라 의학과 천문학 및 경제학 등의 다양한 분야에서 연구가 진행되고 있다.

카오스이론이 적용된 예를 보면 다음과 같다.

- 주식시장의 가격변동
- 태풍이나 지진 등의 진로나 발생 위치

표 3-5 경영학 이론의 발달사

구분	주요 공헌내용	주요 공헌자	시대적 상황
고전적 경영이론	• 과학적 관리 • 통제시스템 • 시간동작연구 • 관리기능 • 관리이론 • 관료제조직	• Gantt(1908) • Taylor(1911) • Gilbreth(1911) • Church(1914) • Fayol(1916) • Weber(1918)	• 기업 및 시장규모의 증대 • 전문경영자의 출현 • 경기불황 • 소유경영자의 감소 • 개인의 자의에 의한 전횡적 조직경영
행동적 경영이론	• 참가적 경영 • 동기부여 • 전문경영자 • 목표관리 • 호손 실험	• Roethlisberger(1939) • Mayo(1945) • Barnard(1938) • Drucker(1954) • McGregor(1960)	• 전문경영자의 필요성 증가 • 노동조합 결성 • 정부의 규제 • 작업자의 불안
계량적 이론	• 시뮬레이션 • 게임이론 • 의사결정론 • 수리 모델	• Churchman(1957) • March & Simon(1958) • Forrester(1961) • Raiffa(1968)	• 기업규모증대 • 경기후퇴 • 콩글로머리트 출현 • 냉전 상태
시스템 및 상황적 이론	• 동태적 환경 • 유기적 · 기계적 조직 • 매트릭스 • 조직변화 • 사회적 책임 • 정보시스템	• Burns &Stalker(1961) • Woodward(1965) • Thompson(1967) • Lawrence & Lorsch(1967)	• 경제팽창 • 우주경쟁 • 고도기술제품등장 • 국제교역증가 • 사회적인 욕구불만 • 전문경영자의 증가
최근동향	• 고객만족경영 • 6시그마 • 지식중시경영 • 공급사슬관리	• Ouchi(1978) • Guillen(1994) • Senge(1990)	• 조직문화의 강조 • 조직구조의 재조정 • 팀 조직의 강조

출처; 권근원, "경영학의 이해", 박영사, 2013, p.58.

과제 및 토론

1. 경영학의 발달과정을 토론해 보시오.

2. 매슬로우의 욕구단계론에 대해 토론해 보시오.

3. 경영학의 발전과정을 통해 뷰티케어를 전공하고 있는 대학생으로서 우리가 경영학을 공부해야하는 이유에 대해 토론해 보시오.

Understand Leadership

Chapter 4

리더십의 이해

1. 리더십(Leadership) 개념
2. 리더십이론
3. 리더의 권력의 종류와 특징

과제 및 토론

Chapter 4 리더십(leadership)의 이해

SECTION 1 리더십(Leadership) 개념

1. 리더십의 정의

리더십(leadership)이란 집단 또는 구성원이 과업과 관련된 행동을 지시하고(directing) 그러한 행동에 영향을 미치는(influencing) 과정, 즉 집단구성원인 부하들이 자발적으로 노력하도록 영향을 주는 기술 또는 과정이며, 그 리더가 다른 사람을 움직여서 조직의 목표를 달성하는 능력을 의미하는 것이다.

경영자나 관리자는 명령을 받는 사람들에게 강제적 방법에 의한 업무실행이 아닌 업무의 목적과 방침을 잘 이해시켜 업무를 스스로 수행할 수 있도록 하는 지도력이 필요하게 된다.

리더십은 다른 사람, 즉 직원이나 리더(leader)를 따르는 사람 또는 부하(follower)가 있어야 한다. 리더를 따르는 사람이 없이는 리더십의 의미가 없다. 또한 리더가 집단구성원보다 많은 권력을 갖고 있으며, 경영자의 권력원천에는 보상적 권력·강제적 권력·합법적 권력·준거적 권력·전문적 권력이 있다.

일반적으로 경영자가 많은 권력원천을 갖고 있을 때 효과적인 리더십을 발휘할 잠재성이 커지나, 같은 계층에 있는 경영자가 동일한 합법적 권력을 갖고 있다 해도 나머지 네 가지 권력원천을 사용할 수 있는 능력에 있어서는 차이가 있다. 따라서 리더십의 개념에는 여러 방법으로 부하의 행동에 영향을 미치기 위하여 상이한 권력 형태를 이용할 수 있는 능력을 포함한다.

그렇다면 리더와 경영자 또는 리더십과 관리 간에는 어떤 차이가 있는가? 근본적으로 지휘한다(leading)는 것과 관리한다(managing)는 것에는 차이가 있다. 물론 어떤 경영자는 리더에 해당할 수 있고, 다른 리더는 경영자에 해당할 수 있다. 그러나 리더십은 관리직능 중의 하나에 해당한다.

지휘는 조직의 여러 직능 중 주로 구성원의 행동적 측면을 다룬다. 관리라는 개념은 구성원의 행동적 측면뿐만 아니라 비행동적 측면까지 다룬다는 점에서 지휘보다 넓은 범위의 개념이다.

2. 리더의 조건

① 비전(vision) : 조직이 나아가야 할 방향을 다른 사람보다 더 정확히 알아야 한다.

② 신뢰 : 조직구성원들로부터 인간적 신뢰를 얻어야 한다.

③ 충성과 지지 : 목표실현을 위한 구성원들의 열성과 행동의 전폭적 지지를 얻어야 한다.

SECTION 2 리더십이론

리더십이론에 대한 전반적인 흐름은 리더의 개인적 특성(성격, 가치관, 태도, 동기부여 등)과 이에 의한 행동의 적합한 선택(지시, 지도, 참가, 성취지향형 등) 및 상황적 요구에 대한 적합성의 정도에 따라 조직구성원의 행동에 대한 영향과 효과를 보여주는 상황이론으로 나누어 설명하고 있다.

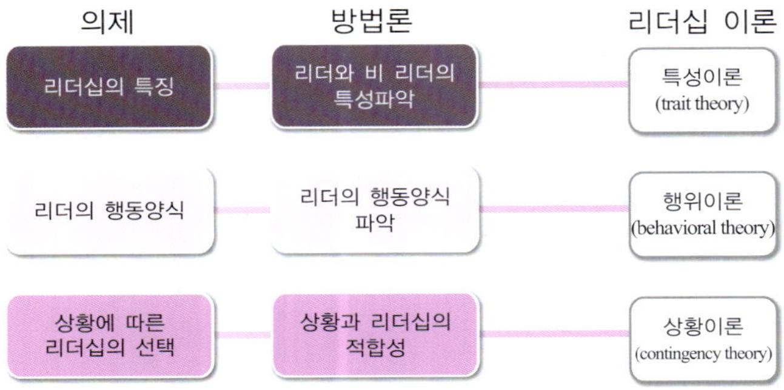

그림 4-1 리더십의 이론과 전개과정

1. 리더십의 특성이론(Trait theory, 1930~1950)

리더십에 관한 가장 오래된 접근방법으로 리더는 리더가 아닌 사람이 갖고 있지 않은 특성(traits)을 갖고 태어난다는 이론이다.

다양한 심리학적 실험에 영향을 받은 특성론은 리더의 특성에 관한 이론으로 특성의 범위를 신체적 특징(physical characteristics), 사회적 배경(social background), 성격(personality), 지적 능력(intelligential ability), 사회적 특성(social characteristics), 과업 지향적 특성(task oriented characteristics)으로 구분하여 특성론의 연구에 공헌한 스톡딜(Ralph Melvin Stogdill)의 리더십 특성요인이 있다.

리더십 특성이론은 리더의 개인적 특성만을 고려하고 어떠한 리더십이 효과가 있는가를 설명할 수 있는 부하 및 리더십 상황을 고려하고 있지 않다는 한계점이 있다.

다음은 바나드(C. I Barnard)의 **인격적 자질과 능력의 측면**에서 다음과 같은 것들을 리더십의 자질적 요소로 들고 있다.

① 추진력과 지구력
② 결단력
③ 설득력
④ 책임감
⑤ 지적·기술적 능력

check point

특성이론

① 리더의 개인적 자질과 특성
② 리더와 비 리더의 특성적 비교
③ 성공한 리더와 실패한 리더의 특성적 비교

2. 리더십의 행동이론(1950~1960)

리더십의 행동이론(behavioral theory)은 리더의 공통적인 특성을 발견하는 데 실패함으로써 그 대안으로 리더의 행동관찰을 통해 리더십 유형 연구를 시도한 것이며, 주로 성과와 리더십 유형 간의 관계를 밝히는 데 초점을 두고, 리더의 활동을 기준으로 리더십의 유형을 구분한 이론이다.

모든 조직에서는 '사람'이 '일'을 한다. 이러한 사실은 조직을 이끌어가는 리더의 입장에서 보면 관리의 초점을 사람 중심으로 둘 것인지, 일 중심으로 둘 것인지의 문제로 연결된다. 이러한 관점의 접근방법이 리더십의 행위이론이다. 즉, 리더십의 효율성은 리더의 행동여부에 따라 결정된다는 가정하에서 리더의 실제 행동을 연구하는 것이며, 리더의 특성보다도 리더의 효과에 초점을 두고 있다.

리더의 행동 스타일과 그로 인한 성과, 즉 생산성과 만족감 등이 중요변수가 된다. 리더십의 효과는 리더가 부하들에게 보여주는 행동에 따라 결정된다고 생각하였다.

행동적 접근방법에 관한 대표적 이론으로는 아이오와(Iowa)대학의 연구, 탄넨바움(Tannenbaum)과 슈미트(Schmidt)의 이론, 레니스 리커트(Renis Likert)가 중심이 된 미시간(Michigan)대학의 연구와 오하이오주립(Ohio State)대학의 연구, 블레이크와 무튼(Robert Blake and Jane Mouton)이 개발한 관리격자(managerial Grid theory)이론 등으로 구분하여 전개하고 있다.

(1) 아이오와(Iowa) 대학의 리더십 스타일

1939년 아이오와(Iowa)대학의 리피트와 화이트(Lippitt and White)는 레빈(Lewin)의 지도하에 10대 소년들을 대상으로 독재형(authoritarian), 민주형(democratic), 자유방임형(laissez faire)으로 나누어 의사결정권의 위치에 따라서 그 기준으로 리더십 유형을 나누었다.

거의 대부분의 결정을 리더 혼자 일방적으로 하는 형태를 독재(authocratic)적인 리더라고 하며, 반대로 의사결정의 권한을 집단구성원에게 위양하는 리더를 민주(democratic)적 리더라고 한다. 또한 개인은 개인으로 남으며 리더는 리더로서의 자기역할을 완전히 포기해버린 리더형태는 자유방임(faire)적 리더라고 한다. 전제적 리더십과 민주적 리더십은 우위를 결정하기 힘들 정도로 둘 다 성과가 좋은 반면에 자유방임적 리더십은 최악의 유형이다.

표 4-1 리더의 유형 및 특징

유형/특징	독재형 (authoritarian)	민주형 (democratic)	자유방임형 (laissez faire)
본질	리더가 모든 권한과 책임 보유	리더는 최종책임을 보유하되 상당한 권한 위양	리더는 책임과 권한을 집단에 부여
	리더가 명확히 정의된 과제를 구성원들에게 할당	작업은 참여적 의사결정을 토대로 분할 및 할당	집단구성원 자발적 작업수행, '최선 다하라'는 지시 성취
	주로 하향적 커뮤니케이션 형성	활발한 쌍방커뮤니케이션 유지	동료들 간의 수평적 커뮤니케이션 유지
강점	신속성, 질서 그리고 예측 가능한 성과 강조	참여를 통한 개인적 헌신 격려	리더의 방해 없고 적합한 것 행하도록 허용
약점	개인의 독창성 묵살	민주적 과정은 시간낭비	집단에 리더가 방향을 제시하지 않아 목표 없이 표류 및 방황

(2) 미시간(Michigan)대학의 연구

1947년 미시간(Michigan)대학의 연구조사센터에서는 성과가 높은 리더가 사용하는 일반적인 리더십 유형을 마련하기 위하여 연구를 시도했다. 리커트(R. Likert)를 중심으로 리더와 구성원의 면접을 통해 진행된 연구의 결과는 리더의 행동유형을 '직무 중심의 리더 행동'과 '종업원 중심의 리더 행동' 유형으로 제시하였다.

① **직무 중심의 리더 행동** : 직무의 생산적 측면과 기술적 측면을 중요시하고

종업원을 조직목표를 달성하기 위한 도구로 보며, 종업원 성과를 엄격히 통제한다. 이 유형에 해당하는 리더의 권력원천은 주로 합법적·보상적·강제적 권력으로부터 나온다.

② **종업원 중심의 리더 형동** : 직무의 인간관계적인 측면을 중시하고 모든 종업원이 중요하다고 느낌으로써 한 사람 한 사람의 종업원에게 관심을 가지며, 종업원의 개성과 요구를 수용한다. 이 유형에 해당하는 리더는 조직 내의 집단 형성과 개발, 종업원의 성장과 참여에 초점을 둔다.

(3) 오하이오(Ohio) 주립대학의 연구–배려 리더십

스톡딜(Stogdill)과 플레이시(Fleish)를 중심으로 시작된 오하이오 주립대학의 연구는 리더십을 목표달성을 향하도록 집단을 지휘할 때 나타나는 개인의 행동이라고 정의하고, 리더의 행동 유형을 다음과 같이 두 가지의 차원으로 제시하였다.

이 연구는 **리더의 행위기술 설문지**(LBDQ: leader behavior descrption questionnaire)를 통해 이루어졌다.

① 구조 주도형 행동은 리더 자신과 집단구성원과의 권한 관계를 형성하고, 명확한 조직 패턴과 의사소통 통로 및 작업방법을 설정하려고 노력하는 리더의 행동을 말한다.

② 리더와 집단 구성원 간에 배려, 우정과 상호신뢰, 존경, 지원 및 온정을 베풀어 주는 행동을 말한다.

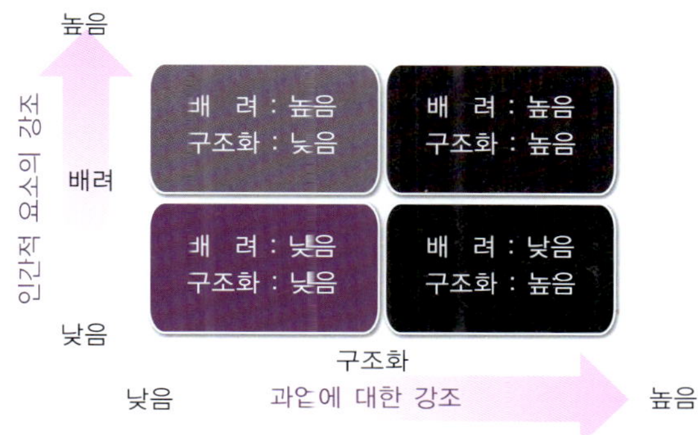

그림 4-2 오하이오 주립대학의 리더십 유형

(4) 관리격자이론

블레이크(R. Blake)와 무튼(J. Mouton)에 의해 실행된 연구로, 생산(과업)에 대한 관심(concern of production)과 인간(관계성)에 대한 관심(concern for people)의 두 가지 행동차원을 제시하고 다섯 가지의 리더십 유형을 구분하여 오하이오대학의 연구를 더욱 구체화한 것으로 평가한다.

관리격자(managerial grid)는 '생산에 대한 관심과 인간관계에 대한 관심'의 리더십 유형의 관점을 축으로 지향하는 정도에 따라 9단계로 나누고, 총 81개의 리더십 유형을 이론상 전개하였다. 이를 편의에 따라 5개의 기본 유형으로 구분하였으며, 조직의 목표 달성과 종업원의 욕구를 충족시킬 수 있는 최대의 만족을 나타내는 9.9형(팀형)을 이론적으로 가장 잘 설명하여, 경영자 능력개발을 위한 리더십 교육 훈련과 목표 설정에 폭넓게 활용하고 있다.

① **무기력형**(impoverished) **리더** [1–1형] : 조직구성원의 자격을 겨우 유지할 수 있을 정도로 주어진 일을 달성하는 데 최소한의 노력을 기울이는 리더이며, 자유방임형(laissez–faire management) 리더

② **컨트리 클럽형**(country club) **리더** [1–9형] : 조직 내 인간관계의 형성에만 관심이 높고 실적과 생산에는 별로 관심이 없는 리더

③ **과업지향형**(task oriented) **리더** [9–1형] : 작업의 능률은 인간적 요소가 최소한도로 개재되도록 작업조건을 정돈함으로써 조직구성원에 대한 인간적 배려나 관심보다는 업무수행과 구성원의 능력과 생산 실적에만 관심을 보이는 리더

④ **타협형**(middle of the read) **리더** [5–5형] : 인간관계의 유지와 생산과 업무 실적 사이에 적절한 상호균형을 유지하는 리더

⑤ **팀형**(team) **리더** [9–9] : 인간관계의 유지와 생산과 업무 실적에 관심이 높아 조직 활성화를 위한 구성원들의 자아실현과 적극적 참여를 권장하는 리더

따라서 관리격자이론은 경영자의 경향성을 측정하는 태도 모델이며, 오하이오주립대학의 연구 모델은 리더의 활동이 다른 사람에 의해 어떻게 인지되고 있는가를 검토하는 행동 모델이다.

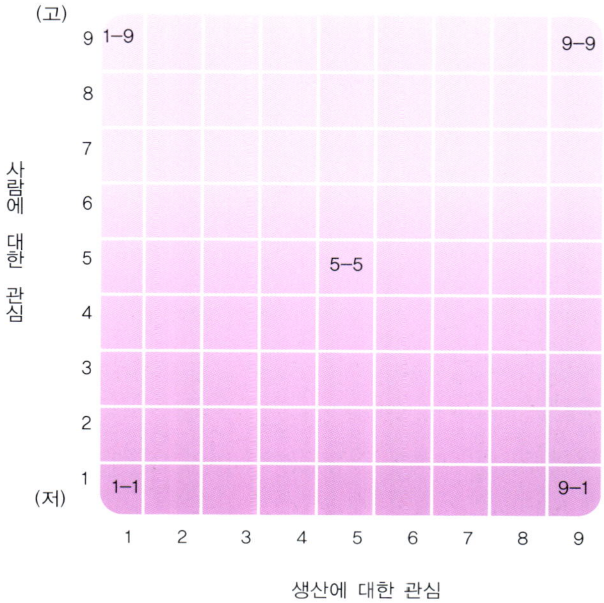

그림 4-3 관리격자이론에 의한 리더십 유형

(5) 탄넨바움과 슈미트의 전제적 리더와 민주적 리더

탄넨바움과 슈미트의 리더십 행동 스타일의 연속체를 나타내고 있다.

어떤 리더십 행동을 구사할 것인지를 결정하기 의해 선택된 대안이 가져다 주는 편안함과 같은 경영자 자신에게 내재된 요소, 자발적 책임감수와 같은 종업원에게 내재된 요소, 그리고 시간적 압박과 같은 상황에 내재되어 있는 요소를 고려하여, 리더십 스타일이 장기적으로 민주적 방향으로 이동한다.

그 이유는 종업원의 동기브여, 의사결정의 질, 팀워크, 사기의 제고와 종업원 발전에 있으며 전제적 리더십으로부터 민주적 리더십 유형을 제시하였다.

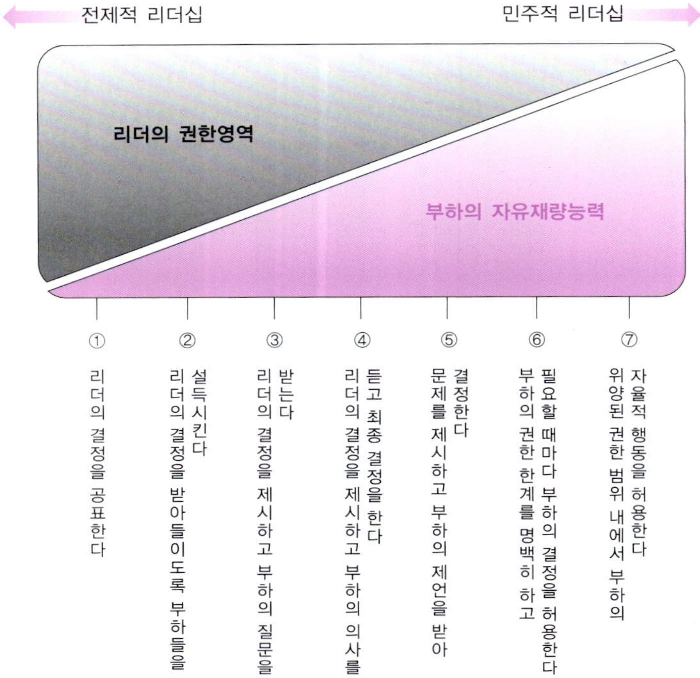

그림 4-4 탄넨바움과 슈미트의 이론

3. 리더십의 상황이론(contingency theory, 1970년대 이후)

리더십은 리더에게 주어진 상황에 대한 적응능력에 의해 결정되며, 상황이론은 특정인이 처한 여건과 상황이 리더십을 결정한다는 방식이다.

리더십은 조직의 목표와 성격, 그 조직이 속해 있는 사회·문화적 성격들이 피지배자의 기대와 욕구 등의 산물이라고 보는 이론이며, 리더십의 상황이론을 본격적으로 논의하게 한 대표적인 연구인 **피들러(F. Fiedler)의 리더십 적용**은 리더십의 선택에 있어 조직의 상황에 맞는 리더를 선택하기 위한 방법으로, 훈련에 의해 양성된 경우보다 자신의 가치관과 습관 등에 의해 일정한 경향성이 이미 형성된 리더를 발굴하여 상황에 적합한 리더를 필요한 부서에 배치하려는 경우에 사용할 수 있는 효율적인 방법을 제시하고 있다.

즉, 상황변화에 적응하는 리더십을 발휘함으로써 유효성이 증대될 수 있는 리더 중심의 리더십을 의미한다.

(1) Fiedler의 리더십

피들러(Fiedler)는 리더십을 과업 지향적(task orienter)인 스타일과 관계 지향적(relation-ship oriented)인 스타일로 나누었다.

어떤 스타일의 리더십을 갖고 있는지 알아내기 위해 '가장 함께 일하기 싫은 동료(LPC: least-preferred co-worker)' 라는 개념을 개발하였다.

만약 리더가 '가장 함께 일하기 싫은 동료'를 어느 정도 긍정적으로 평가하면 관계 지향적 리더십 스타일을 갖고 있으며, 반대로 부정적으로 평가하면 과업 지향적 리더십 스타일을 갖고 있는 것으로 평가한다.

표 4-2 LPC 척도(Least Preferred Co-worker Scale)

			점수
쾌활한 사람	8 7 6 5 4 3 2 1	쾌활하지 못한 사람	____
친절하고 다정한 사람	8 7 6 5 4 3 2 1	불친절하고 다정하지 못한 사람	____
거부적인 사람	1 2 3 4 5 6 7 8	수용적인 사람	____
긴장하고 있는 사람	1 2 3 4 5 6 7 8	긴장을 풀고 여유있는 사람	____
거리를 두는 사람	1 2 3 4 5 6 7 8	친근한 사람	____
냉정한 사람	1 2 3 4 5 6 7 8	다정한 사람	____
지원적인 사람	8 7 6 5 4 3 2 1	적대적인 사람	____
따분해 하는 사람	1 2 3 4 5 6 7 8	흥미를 잘 느끼는 사람	____
싸우기 좋아하는 사람	1 2 3 4 5 6 7 8	화목하고 잘 조화하는 사람	____
우울한 사람	1 2 3 4 5 6 7 8	늘 즐거워하는 사람	____
거침없고 개방적인 사람	8 7 6 5 4 3 2 1	주저하고 폐쇄적인 사람	____
험담을 잘하는 사람	1 2 3 4 5 6 7 8	너그럽고 관대한 사람	____
신뢰할 수 없는 사람	1 2 3 4 5 6 7 8	신뢰할 만한 사람	____
사려 깊은 사람	8 7 6 5 4 3 2 1	사려 깊지 못한 사람	____
심술 궂고 비열한 사람	1 2 3 4 5 6 7 8	점잖고 신사적인 사람	____
마음에 맞는 사람	8 7 6 5 4 3 2 1	마음에 맞지 않는 사람	____
성실하지 않은 사람	1 2 3 4 5 6 7 8	성실한 사람	____
친절함 사람	8 7 6 5 4 3 2 1	불친절한 사람	____

표 4-2는 리더의 LPC 점수를 측정하기 위해 사용된 설문지이다. 여러분도 각자 아르바이트 & 그룹을 지어서 일을 할 때 가장 함께 일하기 싫었던 사람을 생각해 냄으로써 그 사람의 특성을 평가해 보았을 때 64점 이상이면 함께 일하기 싫은 사람이지만 어느 정도는 긍정적으로 평가하는 경향이 있어 관계지향적인 리더십 스타일을 갖는다고 하겠다. 57점 이하이면 가장 함께 일하기 싫은 사람을 부정적으로 평가하는 경향이 있어 과업 지향적 리더십 스타일을 갖고 있다.

피들러는 58점 이상 63점 이하인 경우에는 자신이 스스로 어느 쪽에 가까운지를 평가하는 것이 좋은 방법이라고 하였다. 표 4-2에 있는 LPC 척도의 각 문항에 답해 보기로 하자.

상황이 리더에게 유리한 정도는 세 가지 요인에 의해 결정된다.

- 첫째, 리더와 구성원 간의 관계로 구성원들이 리더를 지원하고 있는 정도를 나타낸다.
- 둘째, 구성원들에게 맡겨진 일이 구조화되어 있는 정도인데, 과업의 목표나 업무처리 절차와 방법 등이 구체적으로 정해져 있을수록 구조화되어 있다고 한다.
- 셋째, 리더의 지위에 부여된 권력으로 구성원들에게 보상을 주거나 처벌을 할 수 있는 재량권 정도이다.

표 4-3 Fiedler의 상황이론

상황이 유리한 정도	유리 ⟶ 불리							
리더와 구성원 관계	좋음				나쁨			
과업의 구조화 정도	구조화		비구조화		구조화		비구조화	
리더 지위 권력	강함	약함	강함	약함	강함	약함	강함	약함
상황	I	II	III	IV	V	VI	VII	VIII
효과적 리더십 유형	과업지향적 리더십			관계지향적 리더십				과업 지향적 리더십

그리고 리더십 스타일이 집단의 상황조건에 적합하지 않아 문제가 있는 경우에는 우선 집단의 상황조건을 리더십 스타일에 적합하도록 변화시키는 것이 바람직하다. 따라서 리더가 갖고 있는 동기적 경향(motivational orientation)에 따라 그 사람의 리더십 스타일이 결정된다.

리더십 스타일을 변화시키려는 리더십 훈련은 효과가 적으며, 상황에 적합한 리더십을 갖춘 사람을 리더로 임명하거나 기존 리더의 리더십 스타일에 맞도록 상황을 변화시키려는 노력이 오히려 효과적이다.

(2) Hersey와 Blanchard의 상황이론

리더십의 다른 상황이론 중에 **허시(Hersey)와 블랜차드(Blanchard)의 상황이론**을 보면 부하들의 성숙 정도에 따라 리더십 스타일이 달라야 한다는 상황적 리더십은 부하들이 리더십을 어떻게 받아들이는지에 따라 리더십 효과는 크게 달라지며, 부하들의 성숙도가 변하던 그들이 쉽게 받아들일 수 있는 리더십 스타일도 달라진다고 본다.

허시(Hersey)와 블랜차드(Blanchard)는 부하들의 성숙도를 네 단계로 나누고 각 단계에 적합한 리더십 스타일을 제시하였다.

① **지시형(telling) 리더십** : 과업의 실적과 수준이 관계성보다 더욱 중시되는 경우로 부하의 능력과 의지가 모두 미진한 경우에 리더는 지시와 통제 및 확인의 리더십을 선택한다.

② **지도형(selling) 리더십** : 과업의 성공적 수행뿐만 아니라 구성원들과의 원만한 인간 관계를 위해서도 많은 노력을 기울이는 리더십 스타일이다.

③ **참여적(participating) 리더십** : 과업의 실적과 수준은 낮고 관계성 수준은 높게 요구되는 경우로, 부하의 능력이 의지보다 충만한 리더십 스타일이다.

④ **위임적(delegating) 리더십** : 과업 수준과 관계성 모두가 낮게 요구되는 리더십 스타일이다.

그리고 허시와 블랜차드의 상황이론에서는 부하들의 성숙도에 따라 리더십 상황을 구분하고 있다. 성숙도는 부하들이 자신의 업무를 책임지고 수행할 수 있는 능력과 의욕 정도를 말하는데 직무관련도 성숙도(job maturity)와 심리적 성숙도(psychological maturity)에 따라 결정된다.

① **직무관련 성숙도** : 주어진 업무를 감당하기에 충분한 능력, 지식, 경험을 갖고 있어 다른 사람의 지시나 도움 없이도 일을 잘 해낼 수 있는 정도를 의미한다.

② **심리적 성숙도** : 맡은 업무를 잘 해내려는 강한 의지와 높은 의욕을 갖고 있는 정도를 말한다. 상사의 감독 없이도 스스로 맡은 일을 잘 수행하려는 적극적인 자세를 갖고 있으면 심리적 성숙도가 높다고 할 수 있다.

구성원들의 성숙도는 낮은 단계에서 높은 단계로 옮겨 가며 리더도 그에 맞추어 자신의 리더십 스타일을 변화시켜야 한다.

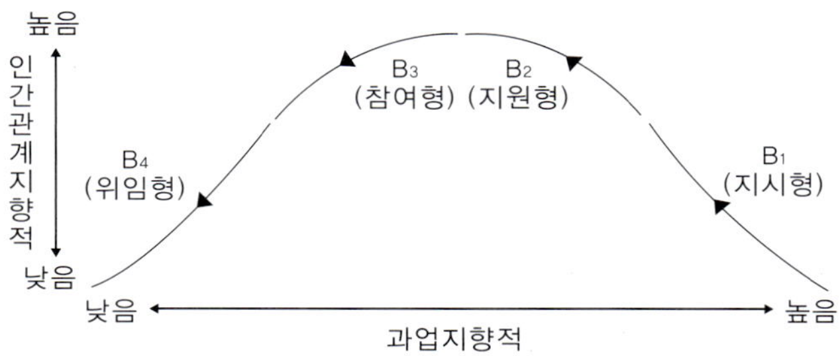

	A_4(높음)	A_3(높음)	A_2(약간 낮음)	A_1(낮음)
부하의 성숙도	능력(높음) 의지(높음)	능력(높음) 의지(낮음)	능력(낮음) 의지(높음)	능력(낮음) 의지(낮음)
부하의 욕구	자아실현욕구	사회적 욕구	안전욕구	생리적 욕구
주도권	부하 주도		리더 주도	
리더십 행동	책임위양 결정위임	책임위양 결정위임	책임위양 결정위임	구체적 지시 밀착감독

그림 4-5 허시와 블랜차드의 상황적응론적 리더십

표 4-4 성숙도와 리더십 유형

성숙도	우선순위			
	1	2	3	4
A_1	B_1(telling)	B_2	B_3	B_4
A_2	B_2(selling)	B_1 또는 B_3	—	B_4
A_3	B_3(participating)	B_2 또는 B_4	—	B_1
A_4	B_4(delegating)	B_3	B_2	B_1

(3) 하우스와 에반스의 경토-목표이론

하우스(R. House)와 에반스(M. Evans)의 경로-목표이론(path-goal theory)은 동기부여이론 중에서 기대이론과 오하이오 주립대학의 연구를 통합한 리더십 이론이다.

경로-목표란, 유능한 리더란 조업원의 작업 목표를 명확히 해주고, 보상과 작업 성취를 연계시키며, 목표와 보상이 어떻게 성취될 수 있는지를 설명함으로써 종업원에게 동기부여를 제공한다는 가정에서 유래한 것이다.

즉, 리더는 목표성취에 이르는 경로를 명백하게 제공해 주어야 한다는 논리이며, 능력·통제위치·욕구와 동기·경험 등의 부하의 특성과 과업특성·공식적 권한체계·작업집단 특성 등의 환경적 특성을 상황변수로 파악하여 유형의 형태를 보면 다음과 같다.

① 지식적 리더십은 계획, 조직, 통제와 같은 공식적 활동을 강조하는 유형
② 지원적 리더십은 종업원의 복지에 관심을 두며, 후원적 분위기의 조성을 위하여 노력하는 유형
③ 참여적 리더십은 종업원들과 정보를 교환하고, 상담을 강조하며, 제안을 유도하는 유형
④ 성취 지향적 리더십은 도전적 작업 목표를 설정하고, 성과개선을 강조하며, 종업원의 능력발휘에 대하여 높은 기대를 보이는 유형

여기에서 구성원들의 특성과 관련하여 지각된 능력이 높을수록 지시적 리더십보다는 성취 지향적 리더십이 유효한 것으로 나타났다.

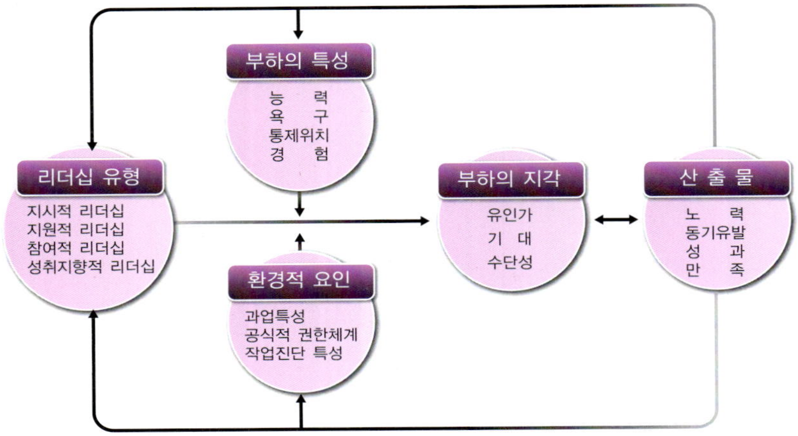

그림 4-6 하우스와 에반스의 경로-목표이론

4. 현대적 리더십 (1980년대 이후)

현대산업사회와 자유시장경제체제의 흐름은 불확실성에 의한 변화로 설명된다.

이 변화의 근본적인 질서는 기업 간의 치열한 경쟁에 의한 생존과 성장에 의해 유지되고 있다.

이제까지 리더십의 이론은 리더만이 소유하는 특별하게 구별된 소양과 특성을 밝히려 했던 특성이론과 종업원의 리더 행동에 대한 반응하는, 리더는 어떤 행동을 리더십으로 선택하는가를 연구한 행동이론 및 상황에 따라 적합한 리더십의 선택을 강조하는 상황이론이었다.

번스(J. M. Burns)와 바스(B. M. Bass)는 이들 이론을 명령과 복종 그리고 복상의 거래적 교환관계를 '거래적 리더십(transactional leadership)' 이라고 규정하고, 복수의 거래적 리더십이론들이 갖는 한계성으로 인해 이들 이론들은 불확실성 시대의 다양한 변화에 대한 적응능력의 부족함을 나타내게 되었다.

또한, 목표달성을 위해 부하들이 무엇을 해야 하는지 결정해 주고 적절한 보상을 통해 그들이 주어진 과업을 성실히 수행하도록 유도하는 리더의 역할을 강조하였다.

따라서 이러한 이론들은 불확실성 시대의 다양한 변화에 대한 적응능력의 부족함을 나타내게 되었으며 이에 대응하는 전략으로 '변화적 리더십(transformational leadership)' 을 새로운 리더십 모형으로 제시하였다.

(1) 변화적 리더십(transformational leadership)

변화적 리더십(transformational leadership)은 부하들의 목표·가치·신념에 크게 영향을 미침으로써 자신의 역할, 능력, 조직과의 관계 등에 관한 생각을 건전한 방향으로 변화시켜 열정적인 노력을 유도한다. 즉, 리더와 종업원 간의 교환관계의 리더십으로 목표달성을 위하여 리더의 명령에 복종하여 달성한 업적에 따라 임금 등으로 보상받는 리더십 과정이다.

변화적 리더십의 목표는 조직의 욕구 체계의 변혁을 통해 조직문화를 개혁시키려는 것으로, 종업원의 자발적 동기부여에 의한 노력의 결과로 발생한 업적이 리더가 계획하고 기대하던 목표를 비약적으로 초과하는 성과를 달성하는 데 있으며, 이러한 성과는 종업원이 스스로 수행하는 업무의 중요성을 크게 인식하고 업무 충실화를 통해 생산성을 제고시키려는 추가적 노력과 개인적으로 추구하는 사적인 이해관계와 조직의 목표 달성에 관한 우선적 가치 판단의 기준에 대한 초과 달성의 성과를 얻게 하는 데 목적이 있다.

변화적 리더십의 특성으로는 카리스마, 격려, 지적 자극, 개별적 배려 및 솔선수범과 자기희생, 비전 설정, 스스로에 대한 부하들의 생각 변화 등이 있다.

(2) 서번트 리더십(servant leadership)

서번트 리더십(servant leadership)은 헤르만 헤세(Herman Hesse)의 「동방으로의 여행(journey to the East)」에 등장하는 하인 레오(Leo)의 역할을 그린리프(R. Greenleaf)가 그의 저서 「지도자로서의 종(Servant as a leader)」을 통해 새로운 개념의 섬김의 리더십으로 개발하여 처음 소개하였다. 내용은 다음과 같다.

> 레오는 순례자들의 허드렛일이나 식사준비를 돕고, 때때로 지친 순례자들을 위해 밤에는 악기를 연주하는 사람이다.
>
> 레오는 순례자들 사이를 돌아다니면서 필요한 것들이 무엇인지 살피고, 순례자들이 정신적으로나 육체적으로 지치지 않도록 배려했다.
>
> 그러던 어느 날 갑자기 레오가 사라져 버렸다. 그러자 사람들은 당황하기 시작했고, 피곤에 지친 순례자들 사이에 싸움이 잦아졌다. 그제야 비로소 사람들은 레오의 소중함을 깨닫고, 그가 순례자들의 진정한 리더였음을 알게 되었다.

서번트 리더십은 레오와 같이 다른 구성원들이 공동목표를 이루어 나가는 데 있어서 정신적·육체적으로 지치지 않도록 환경을 조성해 주고 도와주는 리더십이다.

결국 인간 존중을 바탕으로 다른 구성원들이 잠재력을 발휘할 수 있도록 도와주고 이끌어 주는 것이다.

서번트 리더십의 특징 및 역할은 다음과 같다.

① 조직의 비전을 제시해 주는 방향제시자 역할을 하며, 경청을 통해 리더는 종업원의 의견을 존중하고 무엇을 요구하고 있는지를 인지하고, 효과적인 커뮤니케이션을 위해 서로의 교환을 이루어야 한다.
② 서번트 리더는 파트너로서 구성원 간의 합의를 이끌어 내기 위해 의견들을 조율하는 역할을 담당하여야 하며, 능력배양노력을 통해 종업원의 능력 개발과 전문적 기술습득, 정신적·육체적 성장을 위한 노력 등 구성원들의 의견이 목표에 적합하도록 조력을 제공해야 한다.
③ 구성원들이 업무수행을 할 수 있도록 지원하고, 업무 외의 개인적 삶에 있어서도 업무와 균형을 이룰 수 있도록 지원자 역할을 해야 한다.

리더가 서번트 리더십의 개념과 역할을 이해하고 조직에서 리더들이 서번트 리더십을 개발하기 위해서는 리더 자신의 노력이 필요하며, 청지기 의식, 구성원의 성장에 대한 지원, 구성원에 대한 인간적인 배려, 공감대의 형성과 협력이 필요하다.

(3) 카리스마 리더십

카리스마 리더십(Charisma leadership)의 개념은 베버(Weber)에 의해 최초로 소개 되었다.

하위자들이 자신의 리더가 다른 사람들이 소유하고 있지 못한 천부적인 특성을 갖고 있다고 느낄 때 카리스마적 리더라고 명명하고 카리스마적 리더십을 발휘할 수 있다고 하였다. 특성은 확고한 신념, 기존질서의 재편, 변화지향적인 비전의 제시, 개인권력의 활용을 선호, 자신감 있는 커뮤니케이션, 위험부담, 부하에 대한 위양을 통한 동기부여 등이 있다.

카리스마적 리더는 자신의 특성에서 나오는 힘과 하위자들이 리더와 동일시하고자 하는 과정을 통해 하의자들에게 심오하고 기대한 것 이상의 영향력을 행사하여 높은 성과를 가져오게 한다.

또한 리더의 구체적 간섭없이 자발적으로 조직에 헌신토록 하는 리더십인데 그러기 위해 리더에게 다음과 같은 행등이 강조된다.

① **자기확신** : 카리스마적 리더들은 고도의 자신감, 목표에 대한 높은 확신, 그리고 남들에게 영향력을 행사하려는 강한 욕구를 가지고 자신감과 확신은 부하들이 리더의 판단을 믿도록 만들 가능성이 크며 권력욕구가 크면 그것이 멤버들을 설득하고 추종하도록 하기 쉽다.

② **인상관리** : 카리스마적 리더는 자기가 유능하고 성공적이라는 인상을 심어주기 위해 부단히 노력할 것이며, 모든 행동은 이런 인상관리에 초점을 맞추게 되고 그러다 보면 과장되거나 거짓된 행동을 삽입하는 경우도 많다.

③ **솔선수범** : 카리스마적 리더들은 자신이 스스로 행동의 모범을 부하들에게 보여 줌으로써 부하들의 행동뿐만 아니라 가치관, 태도, 감정 등 모든 것을 자기가 원하는 쪽으로 변화시키려고 한다.

(4) 비전적 리더십

비전(vision)이란 조직의 구성원들이 경영자와 함께 추구하고자 하는 미래상 내지 실현하고자 하는 꿈을 말한다.

비전적 리더십(Visionary Leadership)은 구성원들과 경영자들이 함께 명확한 비전을 설정하여 구성원 모두가 인지하도록 하고 일상적인 업무를 추진하는 과정에서 그와 같은 비전을 지향하고 성취하도록 동기를 부여하는 것을 말한다.

이 리더십의 다섯 가지 원리는 다음과 같다.

① 구성원들이 혁신 지향적이 되도록 하고 아이디어 맨(idea man)을 적극 지원
② 성원들이 비전을 공유하고 열정을 갖도록 함.
③ 팀 구성원들이 동료를 지원하고 협동정신을 갖도록 함.
④ 구성원들이 보고 배울 수 있는 모델 멘토 설정
⑤ 구성원들이 과업에 애정과 마음을 쏟아 과업을 성취

SECTION 3 리더의 권력의 종류와 특징

① **강제적 권력** : 리더는 부하를 처벌할 수도 있고, 다른 불이익도 줄 수 있기에 부하들이 따른다.

② **보상적 권력** : 리더는 부하에게 유리한 보상을 해줄 수 있는데, 승진이나 봉급인상 등의 유형적 보상과 칭찬 및 표창 등의 무형적 보상을 줄 수 있기에 이를 바라고 리더의 말에 따른다.

③ **합법적 권력** : 아무런 보상을 줄 수 없어도 리더는 부하에게 지시하고 처벌할 수 있도록 약속이나 계약 또는 법으로 정해 놓았기 때문에 그대로 따른다.

④ **전문적 권력** : 리더가 부하보다 업무처리 방법이나 기술이 많다. 따라서 부하는 리더의 말대로 하면 자기가 맡은 일을 쉽게 할 수 있기 때문에 그대로 따른다.

⑤ **준거적 권력** : 리더에 대한 인간적 매력과 존경심이 있다면 그의 말에 잘 따른다.

과제 및 토론

1. 나의 리더십 또는 추구하고자 하는 리더십 유형에 대해 설명하시오.

2. 성공한 리더들의 리더십 유형을 연결해서 토론해 보시오.

3. 뷰티살롱의 시장세분화를 통하여 각 경영자의 리더십을 조사해 보시오.

Personal Relations of Communication

Chapter 5

의사소통과 대인관계 관리

1. 의사소통의 기능
2. 의사소통 과정
3. 의사소통 유형
4. 갈등관리
5. 협상관리
6. 권한위임

과제 및 토론

Chapter 5 의사소통과 대인관계 관리

SECTION 1 의사소통의 기능

1. 의사소통이란?

의사소통(communication)은 가장 단순하게는 개인 사이에 정보를 교환하는 과정이라고 할 수 있다. 보다 복잡한 조직에 있어서는 윗사람과 아랫사람, 동료 사이, 단위부서 사이, 조직내부와 조직외부 사이 등 의사소통 또는 정보를 전달하는 단계를 말한다.

이 의사소통은 매체의 종류에 따라 다르고, 정보가 도달하는 기간은 이에 따라 큰 차이를 나타낼 수 있다. 이런 의사소통이 이루어지기 위해서는 먼저 몇 가지 조건이 갖추어져야 한다.

① 적어도 **두 사람 이상이 의사소통에 참여**해야 하는데, 이들의 관계는 물리적 거리와 친분, 그리고 살았던 시기 등에서 매우 다양할 것이다. 예를 들어 한 살롱에서 테라피스트와 고객 간에 물리적으로 가까운 거리를 두고 의사소통이 이루어질 수도 있지만, 큰 바다를 사이에 두고 각각 다른 나라에 거주하면서 인터넷이나 핸드폰을 통한 의사소통을 할 수도 있다. 또한 좋은 책의 경우는 수백 년 동안 책의 저자와 현재의 애독자 사이에서의 의사소통이 이루어지는 것으로 볼 수 있다.

② **서로간에 전달될 의사나 정보**가 있어야 한다. 즉, 상대에게 누군가 또는 다른 사람이 무엇인가를 전하고 싶어 해야만 의사소통이 가능하다는 것이다. 이는 뷰티살롱에서 고객과 전문지식에 대한 의사와 정보를 소통하는 과정에서 이루어질 수 있다.

③ **상대방에게 의사나 정보가 실제로 전달**되어야 한다는 것이다. 상대방에게 전달하려는 정보를 갖고 있는데 그치지 않고 어떤 경로나 방법을 통해서 실제로 전달하려는 시도가 이루어져야 한다는 점이다.

④ 이때 단순히 메시지를 보내는 것만으로 의사소통이 이루어졌다고 할 수 없으며, **전달받은 사람이 그 내용과 의미를 정확하게 이해**함으로써 두 사람이 의사나 정보를 공유하는 것이다. 이런 경우는 전문용어와 지식에 있어서 전달자와 전달받는 자, 즉 전문가와 고객 간의 대화에서 전문용어의 남발은 오히려 의사소통을 저해하여서 고객과의 상호교류에 안 좋은 영향을 줄 수 있다. 따라서, 메시지의 전달만이 의사소통이 아니라 상대방의 입장에서 이해할 수 있는 용어와 의미를 파악해서 의사소통이 이루어져야 한다.

이런 의사소통에 대한 개인의 해석은 그 사람이 차지하고 있는 조직상의 지위에 의해서 강하게 영향을 받는다.

2. 의사소통의 기능

의사소통 과정에 부여하는 중요성의 정도는 학자마다 상이한데, 학자별로 간략하게 요약해 본다.

① 바나드(Barnard, 1938) : "조직의 구조와 규모 및 범위가 거의 전적으로 의사소통 기법에 의해 결정되기 때문에 의사소통은 조직이론에서 중심적인 위치를 차지한다."라고 말하고 있으며, 이러한 접근은 의사소통을 조직의 핵심에 두고 있다.

② 카츠와 칸(Katz and Kahn, 1978) : "의사소통, 즉 정보의 교환과 의미의 전달은 사회체계와 조직의 핵심"이라고 언급하고 있으며, 스틴치콤(Stinchcombe, 1990)도 의사소통을 중요하게 생각했다.

③ 칸터(Kanter, 1977) : 경영자들이 시간의 상당부분을 의사소통을 하는 데 보내고 있다고 했으며, 보통 부하직원, 상사, 동료나 고객들과의 대면적 상호작용에 의사소통을 사용하고 있다. 또한, 편지와 전화 메시지에도 응답을 하는 것이 의사소통의 일부분이므로, 경영자들의 주된 일은 의사소통이었다. 경영자들은 시간의 약 80%를 대인적 의사소통에 보낸다고 추정한다(Klauss and Bass, 1982).

이러한 의사소통은 조직이 보다 인간 지향적이고 아이디어 지향적일수록 중요성이 더욱 커진다.

의사소통의 기능을 세 가지로 구분하여 보면 다음과 같다.

① **첫 번째 기능 :** 개인이나 집단에 의해 이루어지는 여러 활동들을 서로 잘 조정해 주는 데 도움을 준다. 만약 의사소통이 잘 이루어지지 못하면 조직전체의 목표 달성은 어려워진다.

② **두 번째 기능 :** 구성원들이 정보를 함께 나누는 것이다. 이는 의사소통을 통해 조직의 목표나 전략을 명확하게 이해함으로써 구성원들이 공동의 목표의식을 갖고, 자신에게 맡겨진 업무의 처리방향을 정할 수 있으며, 처리 결과 역시 의사소통을 통해 구성원들이 공유할 수 있다.

③ **세 번째 기능 :** 구성원들이 느끼는 여러 가지 감정을 표현할 수 있는 길을 열어 준다. 즉, 조직의 목표와 정책·자신의 일·상사나 동료들에 대한 구성원들의 생각이나 감정 표현 등 의사소통을 통해 이루어지며, 이는 서로간의 이해 정도를 높여 주는 효과를 갖고 있다.

SECTION 2 의사소통 과정

1. 의사전달의 요소

① 의사소통의 과정은 정의상 관계적인 과정이다.

② 특정 시점에 있어서 일방은 전달자이고 상대방은 수신자이다.

③ 의사소통 과정에서 발생하는 사회적 관계는 전달자와 수신자, 그리고 그들이 의사소통하는 과정에서 서로에게 미치는 상호적 영향과 관련된다.

④ 의사전달의 요소는 전달자·메시지·수신자이며, 의사전달이 정확하든 정확하지 않든 간에 그것은 반드시 피드백(feedback)된다. 이 의사소통을 정보의 개념으로 도식화하면 다음과 같이 볼 수 있다.

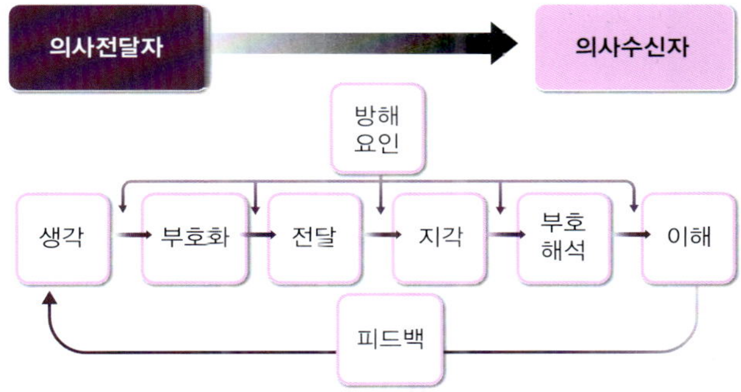

그림 5-1 정보의 개념으로 도식화 한 의사소통

2. 의사소통 과정

① **생각** : 먼저 의사전달자가 상대방에게 전달하려는 정보나 의사에 대해 생각해야 한다.

② **부호화** : 다음 단계로 의사전달자가 자신의 생각을 체계적인 기호로 바꾸는 부호화가 이루어진다. 즉, 자신의 생각을 상대방이 이해할 수 있도록 말이나 글과 같은 언어적 기호로 바꾸어 전달한다.

③ **전달** : 부호화된 정보나 의사는 선택된 경로를 통해 수신자에게 전달되어야 한다. 조직 안에서 의사소통은 직접 대화, 전화통화, 회의, 컴퓨터나 다른 전자통신매체 그리고 문서 등을 통해 이루어진다.

④ **지각** : 부호화되어 전달된 정보는 일단 수신자에 의해 지각되어야 한다. 지각은 사람이 갖고 있는 감각기관을 통해 주변의 정보를 받아들이는 것이다. 전달된 메모를 읽거나, 전화내용을 들으며, 상대방의 얼굴표정이나 몸짓을 살펴봄으로써 필요한 정보를 지각한다.

⑤ **부호해석** : 수신자는 지각을 통해 받아들인 부호화된 정보를 자신의 경험과 현재 상황 등을 고려하여 해석하는데, 그 해석이 전달자의 처음 생각과 가까울수록 정확한 의사소통이 이루어졌다고 할 수 있다.

⑥ **이해** : 부호화된 정보의 해석에 근거하여 수신자는 그 정보가 갖는 의미를 이해해야 한다. 말을 듣거나 글을 읽고 나서 그 의미를 알아차리거나, 얼굴표정 또는 손짓을 보고 상대방의 의중을 읽어 내는 것이 바로 이해과정이다.

⑦ **피드백 :** 전달자로부터 수신자에게 정보나 의사가 전달되는데 그치는 일방적 의사소통과는 달리 쌍방적 의사소통에서는 여러 가지 방법을 통해 피드백이 이루어져 전달자가 자신의 의도가 정확하게 전달되었는지 알 수 있다.

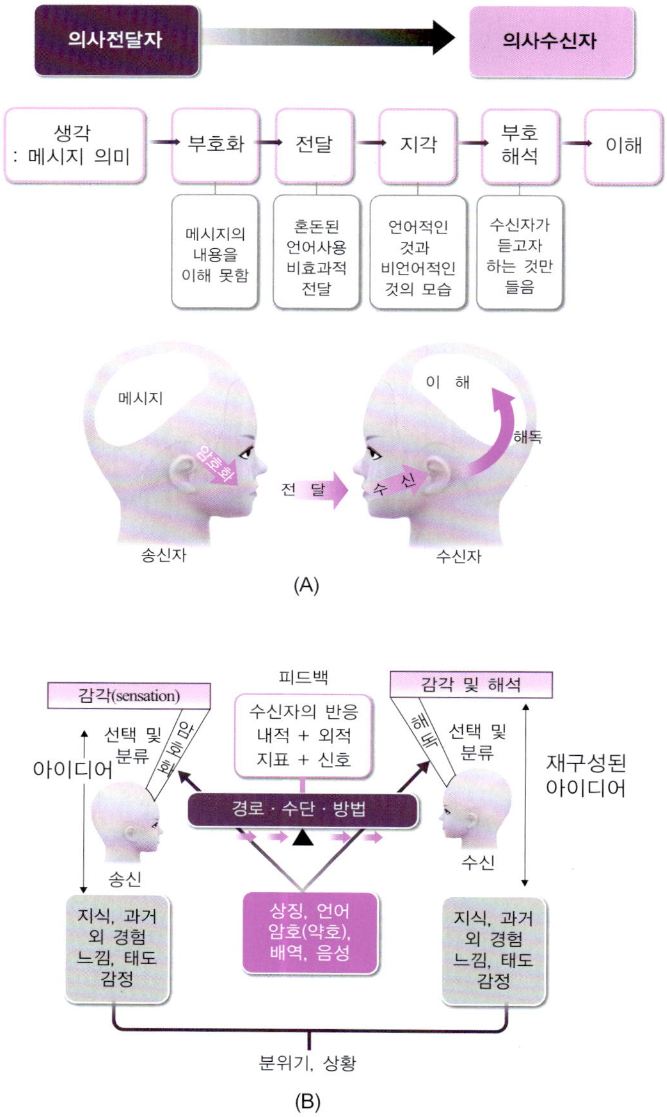

그림 5-2 의사소통과정에서의 잠재적 장애

의사소통에 있어서 중요한 점은 자신의 의사소통을 다른 사람, 특히 관리자의 뜻과 일치되도록 하여 조화시키는 일이다.

의사소통의 효과를 얻기 위해서, 그리고 의사소통의 유형에 따라 차이가 생기는 장애(그림 5-2 참조)를 극복하기 위해서 다음과 같은 문제점을 생각해야 한다.

① 자신의 의사소통 유형이 어떤 것인가를 파악하는 것이다.
② 자신이 관계하고 있는 다른 사람(고객, 상급자 등)의 의사소통 유형에 접근시키는 방법을 배우는 것이다.
③ 효과적인 의사소통을 하는 데 많은 장애가 있는 언어는 시정되어야 하며, 낱말의 뜻은 반드시 상호간에 이해를 얻을 수 있는 것으로 해야 한다.
④ 때로는 상대방에게 엉뚱한 뜻이 전달될 수 있기 때문에 수신자의 수준에 적합한 언어와 낱말을 사용하여야 한다.

SECTION 3 의사소통 유형

1. 수직적 의사소통

① 수직적 의사소통은 조직의 운영에 아주 중요하기 때문에 상당히 많은 주목을 받아왔다.
② 수직적 요소는 조직생활의 중요한 요소이다.
③ 의사소통 또한 중요하기 때문에 수직적 요소는 아주 중요한 방식으로 교차한다.
④ 조직에서의 수직적 의사소통은 하향적·상향적 흐름을 모두 포함한다.

2. 하향적 의사소통

하향적 의사소통의 다섯 가지 구성요소(Katz and Kahn, 1978) 중 첫째는 간단하고 공통된 업무지시로서, 하급자는 직접명령·연수·직무규정이나 이와 유사한 다른 기제들을 통해서 무엇을 해야 하는지에 대해서 지시를 받는다.

둘째는, 과업 및 그 과업과 조직 간의 관계에 대한 근거와 관련된다. 의사소통 시에 너무 적은 의사소통의 경우에는 조직이 제대로 작동하지 않을 가능성이 아주 높고, 반대로 너무 많은 의사소통의 위험은 조직의 혼란을 초래할 수도 있다.

이 두 극단 사이에서 최선의 길을 선택하는 것이 의사소통의 확립에 중요하다.

3. 상향적 의사소통

상향적 의사소통에서 중요한 다른 측면은 하향적 의사소통은 상세하고 구체적인 반면에, 상향적 의사소통은 압축되고 요약되어야 한다는 것이다.

실제 중간계층에서 중요한 소통은 정보의 여과 및 편집이다. 따라서 지각적 한계의 작용으로 인해 의사소통이 왜곡될 가능성이 상당히 높으며, 더욱 중요한 것은 상이한 편집과정이 사용되었다면 의사결정 자체가 달라졌을 가능성이 아주 높다(Wilensky, 1967; Halberstam, 1972)는 점이다.

상향적 의사소통에서 가장 명백한 문제는 위계계층이 존재한다는 사실이다. 사람들은 자기 자신이나 동료들에게 해가 될 것 같은 정보는 위로 전달하기를 꺼려하므로 위로 전달되는 정보의 양과 종류는 위계계층에 의해 영향을 받는다.

4. 수평적 의사소통

수평적 의사소통은 조직의 전문가의 존재에 의하여 증가된다(Hage, Aiken and Marrett, 1971).

수평적 의사소통은 예정된 회의나 예정되지 않은 회의의 형태, 자발적인 상호작용의 형태를 취할 수 있다. 전문지식을 제공하는 다양한 직원들로 구성되어 있을 때 의사소통은 중요한 조정의 원천이 된다(Brewer, 1971).

조직에서의 수평적 혹은 측면적 의사소통은 조직생활의 규칙적이고 중요한 측면이다. 수평적 의사소통은 조직에서 이뤄지는 의사소통의 많은 비율을 차지하고 있다. 같은 위계계층수준에 있는 사람들은 공통 특성을 공유하는 경향이 있고, 그래서 수평적 의사소통은 더욱 원활히 이루어진다.

작업이 진행되어 감에 따라 어느 시점에서 동료들 간에 조정과 토론이 있어야 할 것이며, 감독자와 조직이 모든 가능한 상황을 예견할 수 없는 이상, 개인들 간의 상호작용이 조정 과정에서 아주 중요하다.

SECTION 4 갈등관리

1. 갈등관리의 개념

갈등은 서로의 이해가 상충되거나 상대가 자신이 원하는 것을 얻는 데 방해가 될 때 일어난다.

성격, 태도, 목표, 담당업무 등 서로 다른 다양한 구성원들로 이루어진 조직에서는 서로의 이해가 어긋나 많은 영역에서 갈등이 유발된다. 또한 갈등의 종류도 매우 다양하다. 따라서 원만한 대인관계를 맺고 유지할 수 있는 능력은 경영자가 갖추어야 할 필수적인 요건이다.

갈등관리는 조직이나 집단 내에 적정 수준의 갈등을 유지하려는 노력이다.

2. 갈등해소

조직에 해가 될 정도로 갈등이 심할 때는 갈등을 해결하여 그 수준을 낮추어야 하며, 이를 위해 갈등 당사자와 상황을 이해하고 갈등을 유발하는 다양한 원인과 해결책을 알고 있어야 한다.

① **선별적 갈등해소** : 중요하고 급히 해결해야 할 부정적 갈등을 선별해서 그것을 해소하는 데 노력을 집중하며 나머지 갈등은 적절히 회피하는 전략을 사용해야 한다. 갈등을 해소하려는 노력이 성공을 거두기 어렵다면 일단 무시하고 시간을 두고 기다려 보는 방법이 오히려 바람직하다.

② **갈등 당사자들에 대한 이해** : 갈등을 해소하려는 구체적인 행동을 취하기 전에 그들이 누구이며 누구의 이익을 대변하고 있고, 어떤 가치·성격·감정·자원 등을 갖고 있는지를 파악하여야 한다.

③ **갈등원인 파악** : 조직에서 발생하는 일반적 의사소통에서의 차이, 구조적 분화, 개인적 차이의 세 가지 원인 등에 기초하여 갈등원인을 파악한다.

④ **갈등해소책의 선택과 실행** : 갈등해소책은 자신에 대한 관심 정도와 타인에 대한 관심 정도에 따라 다섯 가지 유형으로 구분한다.

- **협력형** : 자신뿐만 아니라 타인의 관심을 동시에 만족시킬 수 있는 통합적 대안을 찾아내려고 노력하는 유형
- **배려형** : 자신의 관심은 양보하고 타인의 관심을 우선적으로 배려하는 수용적 방법
- **회피형** : 자신의 관심과 타인의 관심 모두를 무시해 버리는 유형
- **지배형** : 상대에 대해서는 관심을 기울이지 않고 오직 자신의 관심만을 충족시키려는 방법
- **타협형** : 서로가 자신의 입장을 양보함으로써 합의를 이끌어 내려는 방법

이와 같이 구분되는 갈등해소방법은 어느 하나가 가장 좋다고 할 수 없으며 상황에 적합한 갈등해결방법을 사용할 수 있어야 한다.

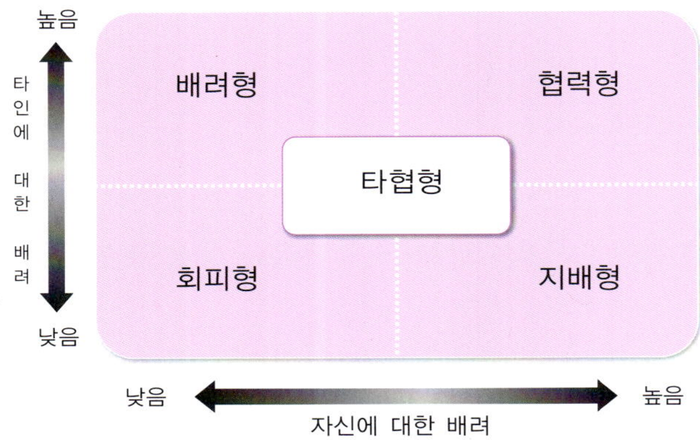

자료 : 라힘(M. A. Rahim), A strategy for managing conflict in complex organization, Human Relations, January 1985, p.84.

그림 5-3 갈등해결방법

3. 갈등유도

조직의 침체와 무비판적이며 활력을 잃을 시에 경영자는 갈등을 촉진시켜 적정 수준을 유지하려고 한다. 이를 위해 외부 인력의 영입을 활용할 수 있다. 이는 갈등을 유발시켜 비능률적이고 구태의연한 조직분위기를 쇄신하는 효과를 거둘 수 있다.

조직문화의 변화 역시 갈등을 촉진시킬 수 있으며, 기존의 가치·규범·가정에 도전하는 새로운 문화를 형성함으로써 적정 수준의 갈등을 유도할 수 있다.

SECTION 5 협상관리

1. 협상관리의 개념

협상은 제품이나 서비스 거래에 관해 당사자들이 합의를 도출하는 과정을 말한다. 이는 성공적인 경영자가 갖추어야 할 필수조건으로 합의의 도출과정을 효과적으로 이끌어 갈 수 있어야 한다.

2. 협상전략

협상의 특성에 따라 분배적 협상과 통합적 협상으로 나누어서 살펴볼 수 있다.

표 5– 협상의 특성

협상의 특성	분배적 협상	통합적 협상
자원	그 양이 고정된 자원을 나눔	그 양이 변동 가능한 자원을 나눔
참여자의 주 관심	나는 이기고 상대는 짐	나도 이기고 상대도 이김
참여자의 이해	서로의 이해가 상충됨	서로의 이해가 공통분모를 갖고 있음
관계의 지속성	단기적	장기적

3. 협상 능력 향상

효과적인 협상능력을 갖추기 위해서는 다음과 같은 방법을 활용할 수 있다.

① 상대를 연구하라.
② 먼저 조금 양보하라.
③ 사안에 초점을 맞추어라.

④ 최초의 제안에 대해 너무 과민하게 대응하지 말라.
⑤ 모두가 승자가 되는 해결책을 찾아라.
⑥ 개방적이고 신뢰할 수 있는 분위기를 만들어라.
⑦ 필요하다면 제3자의 도움을 받을 수도 있다는 자세를 가져라.

SECTION 6 권한위임

1. 권한위임의 개념

직원들이 맡은 직무를 적절히 수행할 수 있도록 필요한 의사결정권을 넘겨 주는 것을 **권한위임**이라고 한다.

높은 직위에 집중된 권한을 아래로 분산시키는 것이 보다 정확하고 신속한 의사결정이 이루어지게 하는 효과를 갖고 있는데도 적절히 권한을 위임하지 못해 조직을 침체에 빠뜨리는 경영자들이 있다.

2. 권한위임을 꺼리는 이유

코든(S. Caudron)은 경영자들의 권한위임을 꺼리게 되는 이유를 다음과 같이 정리하였다.

① 권한을 위임하면 힘을 잃게 돼 부하들을 통제할 수 없다는 생각을 갖는다.
② 권한위임은 부하들이 멋대로 행동하게 내버려 두는 무책임한 행동이라는 생각을 갖는다.
③ 부하들에 대한 불신과 그들의 실수에 대한 비난이 자신에게 돌아올지도 모른다는 두려움을 갖는다.
④ 쉽고 재미있으며 빨리 할 수 있는 업무는 자신이 맡으려는 경향을 갖는다.
⑤ 권한을 위임하면 자신의 자리가 위험해질지도 모른다는 생각을 갖는다.

3. 권한위임 능력의 개발

① 어떤 업무와 결정권이 위임되는지를 명확히 규정하라.

② 부하들에게 부여된 자량권의 범위를 분명히 하라.

③ 부하들을 참여시켜라.

④ 권한이 위임되었음을 다른 구성원들에게도 알려라.

⑤ 문제가 발생하더라도 부하가 해결책을 갖도록 유도하라.

⑥ 피드백을 통한 통제방법을 강구하라.

과제 및 토론

1. 의사소통 유형을 설명하시오.

2. 의사소통의 문제 시 갈등이 유발되는데 나만의 갈등관리 해소 방안을 제시해 보시오.

3. 뷰티살롱에서 고객과의 의사소통 문제 시 대처방안에 대하여 토론해 보시오.

4. 창업한 뷰티살롱에서 리더의 권한위임을 위한 방안과 계획안을 작성하고 그 때 발생할 수 있는 효과를 토론하여 보시오.

Organization Structure Design

Chapter 6

조직설계와 조직구조

1. 조직설계
2. 직무설계
3. 권한대행
4. 조직의 변화와 혁신

과제 및 토론

Organization Structure Design

Chapter 6 조직설계와 조직구조

SECTION 1 조직설계

1. 조직설계의 개념

조직설계란 조직을 구성하는 기본 요소인 구성권과 업무들을 체계적으로 배열시킴으로써 조직구조를 결정하는 과정이다. 조직구조는 조직을 구성하고 있는 부분들 간의 관계나 조직목표 달성에 필요한 여러 가지 업무들 사이의 상호관련성에 의해 생겨난 비교적 안정적인 조직 짜임새라고 정의할 수 있다.

2. 조직설계 시 필요한 사항

① 조직목표 달성을 위해 수행되어야 할 전체 업무를 명확히 한다.
② 전체 업무를 개별 구성원이나 집단에 의해 적절히 수행될 수 있도록 나눈다.
③ 나누어진 업무와 그 담당자들을 업무의 성격에 따라 집단화한다.
④ 맡겨진 일을 수행하는 데 필요한 권한을 구성원이나 집단에게 배분한다.
⑤ 구성원들에 의해 수행된 일들이 서로 잘 어우러져 통합될 수 있도록 조정한다.
⑥ 위의 일들이 잘 진행되는지를 평가하여 필요한 수정조치를 취한다.

SECTION 2 직무설계

1. 직무설계의 개념

직무설계란 구성원들이 맡아 처리해야 할 과업들을 구체화하여 할당하는 과정을 말한다. 여러 가지 과업을 적절히 배열하여 직무를 구성하는 일은 조직설계의 첫 번째 과제이며, 직무단순화에서 직무충실화에 이르는 여러 원칙들이 활용되고 있다.

2. 직무설계 원칙들

직무는 다양성과 재량권의 높낮이에 따라 분류할 수 있다. 또한 직무설계원칙들은 직무단순화와 직무전문화, 직무 확대와 직무충실화 등으로 볼 수 있다. 자신이 맡은 직무의 특성에 따라 달라지는 심리적 상태는 직무담당자의 성과와 만족 그리고 근로의욕에 많은 영향을 준다

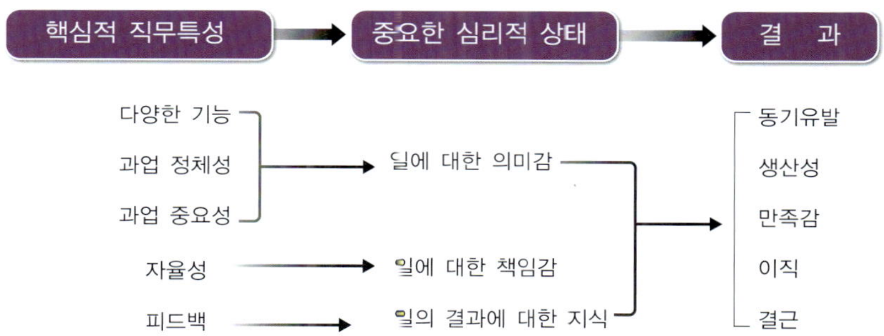

리처드 해커만과 그렉 올드햄(Richard Hackman과 Greg Oldham)

그림 6-1 직무특성모형도

3. 직무별 집단화 및 조직화

일반적으로 사용되는 부서화 방식으로는 기능별, 사업부별, 행렬식 그리고 팀제 유형을 들 수 있으며, 각 유형별 장단점을 가지고 있다.

(1) 기능 조직

기능적으로 관련이 있거나 동일한 직무를 한데 모아 같은 부서에서 일하게 한다. 생산부, 판매부, 자금부, 인사부 등으로 나누는 방식이다.

장 점	단 점
• 기계설비나 장비와 같은 자원을 효율적으로 활용한다. • 기능 영역별 전문성이 높아지며, 기능 훈련이 효과적으로 이루어진다. • 동료들 사이에 전문적 지식과 정보의 공유, 기능 전수가 쉽게 일어난다. • 부서 안에서의 조정 필요성이 적다.	• 부서 사이의 의사소통이나 조정에 어려움이 발생할 수 있다. • 조직규모가 커지면 문제에 대한 반응이 느려질 수 있다. • 총괄적인 업무처리능력을 갖춘 전문경영자 양성이 어렵다. • 조직성과에 대한 책임소재가 불분명하다.

(2) 사업부 조직

사업부 조직에서는 특정 소비자, 제품 또는 지역을 중심으로 필요한 기능이나 부서를 한데 모아 활동하게 한다. 예를 들면, 제품별 부서화는 승용차 담당, 승합차 담당, 화물차 담당, 특장차 담당 등으로 나눌 수도 있다. 또한 지역별 부서화의 경우는 국내 담당, 미주 담당, 유럽 담당, 러시아 담당, 중국 담당 등으로 구분할 수 있다.

고객의 부서화 경우는 초등학생 담당, 중고등학생 담당, 대학생 담당, 일반고객 담당 등으로 구분할 수 있다.

장 점	단 점
• 환경변화에 쉽게 적응할 수 있다. • 같은 사업부 내에서는 기능영역 사이에 원활한 협조가 이루어진다. • 성과에 대한 책임소재가 분명해짐으로써 업무에 대한 높은 주인의식을 유도할 수 있다. • 소비자의 독특한 요구, 제품이나 지역의 특수성 등이 반영될 수 있다. • 총괄적인 업무처리능력을 갖춘 전문경영자 양성이 가능하다.	• 자원 활용 효율성이 낮아질 수 있다. • 자원배분을 둘러싼 정치화는 조직 전체 성과에 나쁜 영향을 준다. • 사업부들 사이에 불필요한 경쟁관계가 형성되어 부서 간 협력이 어려워진다. • 조직 전체에 대한 관심보다 사업부별 이해에 집착하는 경향이 생길 수 있다.

(3) 행렬 조직

행렬 조직은 기능 조직과 사업부 조직을 결합하여 각각의 장점을 살리고 단점을 극복하기 위해 고안되었다. 기능에 따라 직원들을 부서화한 다음에 특정 사업이나 프로젝트별로 다시 집단화하는 행렬 조직은 복잡한 문제 해결에 효과적이다.

장 점	단 점
• 기능영역 사이에 원활한 협력이 가능하다. • 조직이 유연성을 갖게 된다. • 전문 인력이 가장 필요한 곳에서 활용될 수 있다. • 구성원들이 부서의 업무에 대해 책임감과 주인의식을 가질 수 있다. • 대부분의 업무관련 권한이 부서로 위임되어 보다 정확하고 신속한 의사결정이 이루어질 수 있다.	• 구성원들의 능숙한 대인관계 기술이 요구된다. • 자원 활용 효율성이 떨어진다. • 구성원들이 두 명의 상급자를 갖게 되어 혼란스럽게 여길 수 있다. • 실제 행동보다는 토론에 더 많은 시간을 보낼 수 있다. • 사업 시작과 종료에 따른 재배치로 종업원들의 응집력이 떨어질 수 있다.

(4) 팀 조직

프로젝트별로 모였다가 해체되고 두 명의 상급자를 갖게 됨으로써 발생하는 행렬 조직의 문제를 해결하면서 유연성을 유지하기 위해 팀 조직이 널리 활용되고 있다. 팀 조직은 두 명의 상급자로부터 명령을 받는 이중 구조를 없앴다. 즉, 각 구성원은 팀의 책임자로부터만 지시와 명령을 받는다.

팀 조직은 기존의 행렬 조직이 프로젝트 시작과 완수에 따라 구성과 해체를 갖는 성격인 데 반하여 계속 유지되는 항구적 성격을 갖는다. 서로 다른 기능을 보유한 종업원들로 구성되고 제품의 개발, 생산, 판매를 총괄적으로 책임지는 팀을 중심으로 운영된다.

4. 뷰티산업의 직무분석표

(1) 직무분석 개념

직무분석은 과학적이고 합리적인 인적자원관리의 기초적 정보를 제공하는 것으로, 조직의 인력을 과학적·합리적으로 관리하기 위해 직무의 내용과 요건을 정리·분석하는 과정이다.

① **직업** : 여러 조직에서 일정하게 나타나는 유사한 직무의 집단(미용업, 요식업, 제조업)
② **직군** : 동일하거나 유사한 직무의 집단(헤어 디자이너, 피부미용사, 메이크업 아티스트)
③ **직무** : 직위에 배당되는 업무
④ **직위** : 특정한 사람에 의해 수행되는 일 또는 과업
⑤ **과업** : 특정한 목적으로 행해지는 하나의 명확한 작업 활동
⑥ **요소** : 과업 수행 시 나눌 수 있는 최소 작업 단위

(2) 직무분석 목적

직무분석은 과학적이고 합리적인 인적자원관리의 기초적 정보를 제공하여 활용하기 위한 것으로 구체적 목적을 가지고 있다.

① 조직의 업무를 계획적·능률적으로 하기 위한 것으로, 먼저 구성원이 담당할 일을 적절히 배분하고 그 배분된 일의 범위와 책임을 명확히 한다.
② 직무분석을 통하여 얻은 결과를 채용과 배치 이동 및 승진 등의 기초자료로 활용하기 위해서 직무분석이 행해진다.
③ 업무나 작업 활동을 개선하기 위해서 한다. 업무나 작업의 흐름이 파악되어 이에 대한 표준화가 이루어짐으로써 업무나 작업 활동을 체계적·통일적으로 처리할 수 있다.
④ 인사고과의 기초 작업이 된다. 인사고과를 적절하게 실시하기 위해서는 각 직무의 내용과 특성 그리고 직무를 수행하는 데 필요한 지식이나 숙련도 등을 파악해야 된다.

⑤ 직무분석의 결과는 구성원의 교육·훈련 및 개발의 기준이 된다. 직무분석을 통하여 직무수행에 필요한 지식·기능·능력 등이 파악되는데, 이러한 것들은 교육·훈련 및 개발의 기준으로 활용된다.

(3) 직무분석방법

직무분석은 분석의 목적·업종·규모 등에 따라 관찰법, 면접법, 질문지법, 경험법, 종합적 방법 등을 사용한다.

① **관찰법** : 현장에서 일하는 자들의 직무를 분석하는 데 가장 적절하며, 면접법이나 질문지법의 보조적 방법으로 이용된다.

② **면접법** : 오늘날 가장 많이 이용하는 방법으로 직무의 내용, 직무의 성질, 기타 필요한 사항을 청취하여 기록하는 방법으로 관찰자가 알 수 없는 정신적 작업과정을 파악할 수 있기 때문에 관리·감독업무·사무적 업무 등에 이용된다.

③ **질문지법** : 직무에 관계없이 모든 직무에 대해서 사용할 수 있으며 신속하고 경제적이다. 그러나 질문서 작성이 쉽지 않고 구성원의 주관적 개입이 되기 쉬운 것이 단점이다. 질문지법은 면접법이나 다른 방법과 병행하여 사용하는 것이 바람직하다.

④ **체험법** : 분석자가 직접 체험을 통해서 정보를 얻기 때문에 비교적 정확한 정보를 얻을 수 있다. 그러나 분석자가 사전에 직무에 대한 지식이나 기능을 충분히 습득하여 실제로 직무담당자와 거의 같은 수준이 되지 않는다면 정확성을 상실하게 되고 작업자의 심리상태를 체험하기 어려운 것이 단점이다. 따라서 분석자의 양성과 더불어 훈련을 위한 보완 목적으로 사용하는 경우가 많다.

⑤ **종합적 방법** : 위의 방법을 결합하여 두 가지 이상 정보를 수집하는 방법이다. 각 방법의 단점을 제거하고 장점만을 살려서 보다 정확한 정보와 자료를 수집할 수 있는 특징을 지니고 있다.

(4) 직무분석 내용

직무분석이 이루어지면 그 결과를 정리·보존해야 하는데, 이들 직무분석표에 의해 직무담당자가 자신의 직무에 대한 성질·내용·수용방법 등을 쉽게 파악할 수 있게 된다.

1) 수행업무 분석

누가(Who), 무엇을(What), 어떻게(How), 왜(Why), 어디서(Where), 언제(When) 직무를 수행했는지를 파악한다.

2) 직무수행 요건 분석

책임 분석, 능력과 기능의 분석, 시술조건의 분석으로 나눌 수 있다.

① **책임분석** : 결과에 대한 책임으로 업무책임과 지시감독책임으로 나눌 수 있다.

- **업무책임** : 직무수행상의 부주의, 오류, 실패 등이 어떠한 영향을 주는가에 따라 직무의 중요도를 밝히는 것이다.
- **지시감독책임** : 중요한 업무일수록 상사들이 명령이나 지시를 자주 하게 되는데 그들의 실수나 오판에 따른 지시로 업무수행에 실패하는 경우를 말한다. 책임에 대한 부담이 클수록 그 직무는 중요하다고 할 수 있다.

② **능력과 기능의 분석** : 직무에 관한 전반적 지식, 정신적 요건, 직무경험, 교육훈련 등을 들 수 있다.

- **직무지식** : 직무수행을 위해 겸비하고 있어야 하는 지식이다. 직무수행 전반에 걸쳐서 필요로 하는 지식도 있고, 특정 일을 수행할 때 필요로 하는 지식도 있다.
- **정신적 요건** : 직무수행에 필요한 적극성, 적응성, 숙달성, 판단성, 감독책임 등을 말한다.
- **직무 경험** : 어떤 직무 수행에 필요한 숙련도를 습득하기 위하여 그 직무와 관련이 있거나 약간 관련이 있는 직무의 경험을 말한다.

- **교육훈련** : 그 직무에 배치되어 충분한 수행능력을 습득하기 위하여 받게 되는 교육을 말한다.

③ 시술조건의 분석 : 육체적·정신적 불쾌 조건과 재해 위험 등에 대한 사실을 철저히 밝혀야 한다.

- **현장 관찰** : 업무 수행상 문제점 분석, 업무처리 절차 분석, 문제점 및 개선점 분석 등을 실시한다.
- **분석 확인** : 현장 관찰을 통하여 나타난 분석 결과나 문제점 등을 현 담당자와 확인, 토의, 조정을 실시한다.

그림 6-2 직무분석의 내용

5. 직무명세서

(1) 직무명세서의 의미

직무명세서는 직무기술서의 내용 중에서 직무요건만을 따로 분리하여 보다 구체적으로 작성한 문서로서, 직무요건 중에서도 성공적으로 직무를 수행하는 데 필요한 인적 특성을 중심으로 기술한 것이다.

(2) 직무명세서의 내용

직무 확인사항, 직무개요, 직무요건 등의 세 가지 부분에 관한 기술로 구성된다.

- **직무 확인사항** : 지위의 명칭, 전화번호, 담당자 등을 기입한다.
- **직무개요** : 직무 내용을 전체적으로 간략하게 요약하여 작성한다.
- **직무요건** : 교육요건, 경력, 전문지식과 기술요건, 신체적 요건, 나이 범위, 주소지, 직원으로서의 최소 작업량, 임금, 근무시간, 근무일 등을 기재한다.

표 6-1 직무명세서(예시)

Ⅰ. 직무 확인사항

- 직위 : 점장
- 소속 : 본점
- 담당 업무 : 고객 일정 조절 및 안내
- 전화번호 : 000-000-0000

Ⅱ. 직무 개요

- 고객 일정 상담 직무를 수행하며, 매니저, 관리사, 인턴 관리 유지
- 부문별 직원교육훈련계획을 수립·실시하고, 재교육 부분 관리
- 뷰티 숍 운영에 관한 업무를 원장에게 보고, 회의 주관
- 종업원 간 업무의 원활한 순환 배치 및 관계 조율

Ⅲ. 직무 요건

- 교육수준 : 전문대학 졸업, 영어 및 중국어 대화 가능
- 경력 : 7년
- 기술 : 살롱 테크닉, 응용 테크닉, 제모 및 상담 기법 보유
- 성별 : 여
- 나이 : 30대 초반
- 주소 : 00000
- 성격 : 발고 긍정적이며 침착함
- 직원 최소 작업량 : 월 매출 000만 원
- 급여 : 기본급 + 성과급(월 000만 원 이상 매출 시 30%)
- 근무조건 : 주 0일, 오전 00시부터 오후 00시까지

6. 직무평가

(1) 직무평가의 의의

직무평가란 모든 직무의 상대적 가치를 결정하고 그 가치에 따라 직무의 서열을 부여하는 과정이다. 이는 각 직무의 중요성이나 난이도 등을 평가하여 다른 직무와 비교함으로써 직무의 상대적 가치를 결정한다.

직무평가에 의해 임금체계가 합리적인 기초 위에 확립되어 임금의 불규칙성이나 공정성을 없앨 수 있고, 종업원의 불평과 불만도 제거시 킬 수 있다.

(2) 직무평가의 목적

① 각 직무의 질과 양을 평가하여 직무의 상대적인 유용성을 결정하기 위한 자료를 제공한다.

② 공정 타당한 임금편차에 의하여 종업원의 근무의욕을 증진하고 나아가서 직무만족의 계기가 된다.

③ 승급제도 내지 직무의 확립과 직무급의 입안 등의 기초가 된다.

④ 합리적인 급여 책정의 기초가 되며, 종업원의 동기부여의 기초가 된다.

(3) 직무평가 방법

① **서열법** : 직무의 중요성, 책임성, 난이도, 필요로 하는 교육훈련, 작업조건 등에 따라 몇 단계의 등급으로 분류한 후 이를 서열화하여 평가하는 방법이다.

② **분류법** : 직무의 가치를 포괄적으로 파악하는 것으로 일정한 분류기준에 의해 사전에 정해진 몇 단계의 등급에 각 직무를 해당등급에 넣어 평가하는 방법이다.

③ **점수법** : 직무를 각 구성요소로 분해하여 직무를 수행함에 있어 각 요소가 차지하는 중요성에 따라 수량적 가치를 부여하여 직무를 평가하는 방법이다.

④ **요소비교법** : 조직 내에서 가장 중심이 되는 기준직무를 선정한 후, 이 직무에 임금을 할당하여 직무의 상대적 가치를 임금액으로 평가한 다음, 모든 직무를 이 기준 직무와 비교하여 평가하는 방법이다.

표 6-2 직무평가 1

평가요소	최고점수	배점기준	
교육수준	30	미용관련대학 졸업자 대학 졸업자 고등학교 졸업자 기타	30 20 15 10
경험의 정도	30	10년 이상 경력 7년 이상 경력 5년 이상 경력 3년 이상 경력 1년 이상 경력 기타	30 25 20 15 10 5
책임감	30	A, B, C, D, E 등급 구분	30 25 20 15 10
솔선수범	30	A, B, C, D, E 등급 구분	30 25 20 15 10
노력의 정도	30	A, B, C, D, E 등급 구분	30 25 20 15 10
총계	150		

표 6-3 직무평가 2

요소	비중	페이셜관리		체형관리		림프관리		제모관리	
		%	가치	%	가치	%	가치	%	가치
시술 능력	**0.4**	100	40	80	40	100	50	70	50
육체적 부담	**0.4**	50	40	100	50	80	30	30	30
정신적 노력	**0.3**	80	40	50	30	50	30	30	30
시술 환경	**0.2**	80	30	80	30	80	50	50	30

• 가치는 비중 × %, 직원 1인당 월평균 00명 이상 시술시 점수에 반영한다.

표 6-4 직무평가 3

평가요소	비중	평가요소	비중
1. 시술지식	1.0	6. 고객의 안전에 대한 책임	0.9
2. 숙련	0.8	7. 정신적 부담	0.9
3. 정신적 노력	0.8	8. 육체적 부담	0.8
4. 자신의 일에 대한 책임	0.8	9. 청결	0.3
5. 고객의 만족에 대한 책임	0.6	10. 유니폼 착용	0.3

7. 업무의 분담

효율적인 경영을 위해서는 업무를 설정하여 이를 분담하고 이를 통해 업무능력 향상과 일상 업무의 원활함을 가질 수 있다(표 6-5 참조).

SECTION 3 권한대행

1. 권한배분 원칙

(1) 개 념

권한은 조직에 의해 합법적으로 부여된 업무 관련 의사결정권으로 조직 규모가 커지면 구성원들에게 적절히 배분되어야 한다.

(2) 권한배분 원칙

① **계층연쇄 원칙** : 권한을 배분할 때 최고경영자에서 일반종업원에 이르는 각 계층이 명령체계에 의해 연쇄적으로 연결되어야 한다는 것을 말한다. 이런 원칙은 권한이 배분되면 조직의 수직적 계층은 명령체계를 통해 연속성을 갖게 되고, 그 결과 짜임새 있는 조직이 만들어진다. 권한배분은 조직의 명령-보고체계가 명확해짐으로써 위계적 질서가 생긴다.

표 6-5 업무분담

항 목		점장	매니저	관리사
	1. 숍의 열쇠 관리자	V	※	
	2. 청소 및 고객 맞을 준비		V	●
	3. 현금 출납 준비	V	※	
	4. 전달, 지시, 조회	V	※	
	5. 출근부 관리 보과	V	※	
	6. 결근자 체크	V	※	
	1. 화기 확인	V	※	
	2. 전기, 가스, 수도 개폐장치 확인	V	※	
	3. 환전금의 관리 보관	V	※	
	4. 매상금의 관리 보관	V	※	
	5. 매상전표 집계 및 보고	V	※	
	6. 경비전표 집계 및 보고	V	※	
	7. 폐점 전 청소 및 정돈		V	●
	8. 종례, 연락, 확인사항 체크	V	※	
	9. 최종 퇴실자 확인	V	※	
	10. 열쇠 관리지 확인	V	※	
	1. 재료의 주문 및 관리		V	
	2. 미용 기자재 보수, 점검		V	●
	3. 위생용품 및 소품 관리		V	●
	4. 휴식시간의 지시 및 승인	V	※	
	5. 개인적 외출 허가	V	※	
	6. 현금출납 책임 및 장부관리	V		
	7. 고객과의 트러블 처리	V		
	8. 영업사원 및 업체 처리 및 대응	V	※	
	9. 내장 설비 보수점검관리	V	※	●
	10. 매장 내 디스플레이		V	●
	11. 매장 내 청소, 정리정돈		V	●
	1. 인턴들의 교육담당		V	●
	2. 직원 교육담당	V	※	●
	3. 강습 및 세미나 담당	V	※	
	1. 자기개발, 동기부여	V	※	
	2. 커뮤니케이션	V	※	
	3. 조정과 통제	V		
	4. 카운슬링	V	※	
	5. 정보 수집 및 문제 해결	V	※	
	6. 육체 및 정신 건강관리	V		
	7. 기숙사 직원 생활관리	V		

일상업무 내용 :
최종책임자 : V, 권한대행 책임자 : ※, 권한의 위임 : ●

② **명령일원화 원칙** : 각 구성원은 오로지 한 상급자로부터 지시를 받고 자신의 업무처리 결과를 보고하도록 권한을 배분하여야 한다는 것이다. 즉, 각 구성원이 두 사람 이상의 상급자로부터 명령을 받지 않도록 조직의 권한체계를 갖추어야 한다는 원칙이다. 그러나 행렬조직과 같은 경우는 두 명 이상의 상급자를 갖는 권한체계를 허용하는 조직화가 이루어지기도 한다.

③ **책임-권한 동등 원칙** : 책임은 부여된 업무를 수행해야 하는 의무를 말한다. 이 원칙은 업무와 관련된 권한이 제공되어야 한다는 점을 강조한다. 책임-권한 동등 원칙에 어긋날 경우, 효과적인 업무수행을 저해할 수 있다.

2. 집권화와 분권화

의사결정 권한이 어떻게 나누어졌는지에 따라 조직의 집권화 정도가 다르며, 권한이 경영자 몇 사람에게 집중되어 있으면 집권화된 조직이 된다. 각 경영자가 책임지고 관리하는 부하의 수를 나타내는 관리의 폭에 따라 조직의 모양은 달라진다.

3. 조정과 통합

개별 구성원이나 집단의 노력이 조직목표 달성을 위해 적절히 통합될 수 있도록 조정이 이루어져야 한다. 업무처리과정에서 지켜야 하는 규칙이나 절차를 통해 업무와 관련된 갈등을 줄이고 협력을 유도하는 조정이 이루어질 수 있으며, 조직 전체의 목표나 계획을 강조함으로써 조직 내의 여러 활동들을 한 방향으로 결집시킬 수도 있다.

조직의 조정 잠재력을 개발하여 향상시키는 대표적 방법으로 경영정보시스템의 활용과 업무수행관계 향상을 들 수 있다. 조직에서 흔히 사용하는 위원회나 과업집단 등에 다양한 부서의 구성원을 포함시킴으로써 수평적 관계를 향상시킬 수도 있다.

4. 기계적 조직과 유기적 조직

기계적 조직은 딱딱하고 엄격한 짜임새를 갖고 있는 데 반해 유기적 조직은 유연하고 부드러운 짜임새를 갖고 있다. 유기적 조직과 기계적 조직은 권한, 규칙과 절차, 일의 분할, 관리의 폭, 조정에서 차이가 있다.

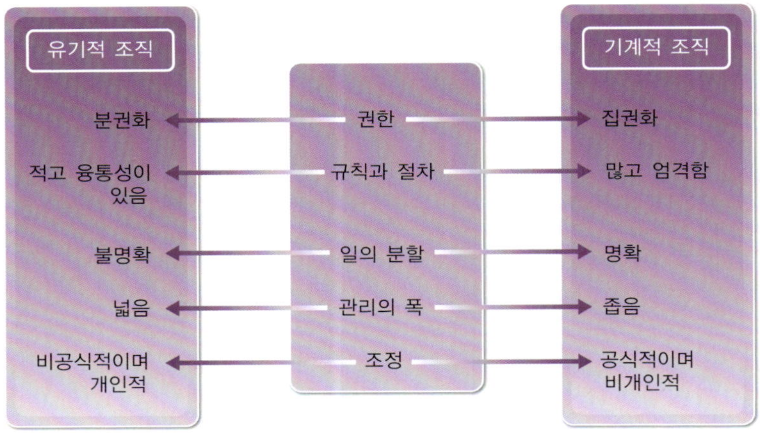

그림 6-3 유기적 조직과 기계적 조직

5. 조직을 설계할 때 고려해야 할 요인

조직을 잘 만들기 위해서는 전략, 기술, 규모, 외부환경의 특성을 고려하여야 한다.

(1) 전 략

조직의 목표와 목표달성을 위한 기본적 방향을 제시한다. 원가우위 전략, 차별화 전략, 집중 전략으로 구분되며 어떤 전략을 택하는지에 따라 조직에 적합한 구조적 형태도 달라진다.

(2) 기 술

조직이 외부로부터 투입물(input)을 받아들여 이를 어떤 형태의 산출물(output)로 변환(transform)하는 과정에서 사용하는 기능, 지식, 정보 등을 일괄하여 기술이라고 한다. 기술의 형태에 따라 조직설계도 달라져야 한다. 기술은 그 특성에 따라 단위생산 기술, 대량생산 기술, 공정생산 기술로 나눌 수 있다.

(3) 규 모

조직의 규모가 클수록 직무들이 전문화되는 정도가 높아진다. 규모가 커질수록 몇 사람이 모든 의사결정을 도맡아서 할 수 없게 되어 권한이 분산된다.

(4) 외부환경의 특성

환경이 단순하고 안정적이어서 불확실성이 적은 경우에는 조직이 기계적인 유형에 가깝도록 설계되어도 별 어려움이 없지만, 환경이 복잡하고 불확실성이 클수록 보다 유연하게 설계되어야 한다. 이는 외부환경으로부터 오는 충격을 쉽게 흡수하여 적절히 대응할 수 있도록 짜임새를 갖추어야 하기 때문이다.

SECTION 4 조직의 변화와 혁신

1. 조직변화 유발요인

조직변화는 조직의 효과성을 높이기 위해 조직 구성요소들의 일부 또는 전체를 변화시키려는 노력이다. 조직 안팎의 많은 요인들이 조직변화를 유발한다.

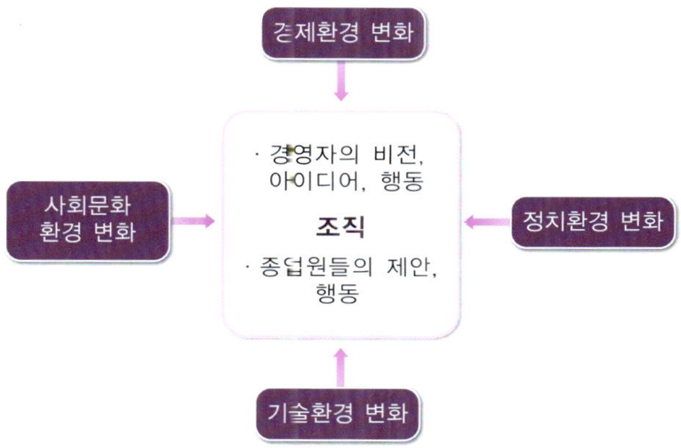

그림 6-4 조직변화 유발요인들

(1) 조직 외부요인

조직에 필요한 자원을 제공해 주고 조직의 활동결과로 만들어진 재화나 서비스를 받아들이는 외부환경은 조직의 크고 작은 변화를 요구한다.

① **경제환경 변화** : 경기침체, 물가상승률, 환율
② **정치환경 변화** : 정치적 방향제시의 변화
③ **기술환경 변화** : 정보통신 기술, 생산기술
④ **사회문화환경 변화** : 환경보호, 소비자 기호 변화, 경제수준 향상, 국민 관심 분야의 변화

(2) 조직 내부요인

조직 내부의 변화로 중요한 것은 경영자의 결정과 구성원의 제안을 들 수 있다.

① 경영자의 의지와 결정은 조직변화를 유발하는 중요한 요인
② 구성원들의 창의적인 제안과 행동은 조직 효과성 향상에 도움이 되는 변화를 유도

(3) 조직변화 영역

조직변화는 그 초점에 따라 목표와 전략, 기술, 직무, 구조, 문화, 구성원과 관련된 영역으로 구분된다.

2. 조직변화에 대한 경영자의 역할 및 변화 과정

(1) 조직변화에 대한 경영자의 역할

문제를 해결하기 위한 단편적인 변화노력을 수동적 대처라고 하며 변화요구를 예측하여 조직을 계획적으로 변화시키려는 노력을 적극적 대처라고 한다.

(2) 3단계의 변화과정

조직변화는 해빙·변화·재동결의 3단계 과정을 통해 이루어지며, 변화를 추진하는 힘과 변화를 막는 힘의 균형에 의해 그 결과가 결정된다.

1) 해빙단계 : 변화필요성 분석과 계획

① 조직변화를 위한 준비단계로 구성원들이 변화필요성을 느끼도록 해 주는 단계이다.

② 매출액, 시장점유율, 소비자의 불만, 수익성, 불량률, 이직률, 종업원들의 만족도 등

2) 변화단계 : 변화기법의 선택과 실행

① 적절한 변화기법을 선택하여 변화를 시도하는 것이 조직변화과정의 두 번째 단계이다.

② 경영자들의 변화를 통해 갖추어야 할 조직구조, 행동양식, 기술 단계 결정 등

③ 조직변화는 변화추진 시점, 변화규모, 변화속도, 변화추진전략 등을 고려해야 한다.

3) 재동결 단계 : 변화의 평가와 정착

조직이 의도했던 대로 변화했는지를 평가하고, 바람직한 변화가 조직 내에 안정적으로 자리 잡게 하기 위한 노력이 재동결 단계에서 이루어진다.

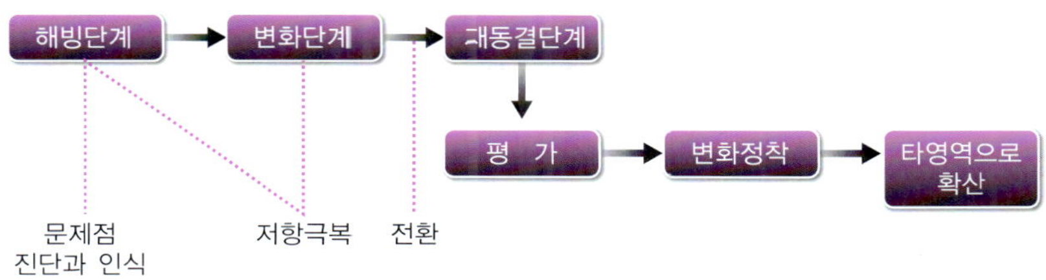

그림 6-5 조직변화 과정

(3) 힘겨루기 결과로서의 조직변화

조직변화를 계획해 시도할 때 변화유발요인과 저항요인 사이에 힘겨루기가 일어난다.

1) 변화에 대한 저항 원인

① **불확실성** : 구성원들이 조직변화를 거부하고 저항하는 가장 큰 이유는 변화

에 따른 불확실성이다. 새로운 직무를 맡아서 잘 처리할 수 있을까, 혹시 해고당하는 것은 아닐까 등의 불안감으로 변화 자체를 싫어하게 된다.

② **기득권 상실** : 변화가 이루어짐에 따라 현재 갖고 있는 기득권을 잃게 될지도 모른다면 구성원들이나 집단은 변화를 막으려고 할 것이다. 이는 대부분 조직 전체보다는 개인이나 특정 집단의 이해에 집착하고 있는 경우에 발생한다. 또한 권한 이외에도 현재의 직무수행방식에 대한 자신감이나 담당자들의 친밀감 등을 포기해야 할 경우도 조직변화에 대해 거부감을 갖게 된다.

③ **관점 차이** : 조직변화의 필요성이나 효과에 대해 구성원들이 서로 다른 정보와 생각을 갖고 있는 경우에도 저항이 생긴다. 경영자와 구성원들이 변화의 필요성을 느끼지 못하거나 혹은 선택된 변화기법으로는 성공하지 못할 것이라고 생각한다면 그 변화노력을 쉽게 받아들이지 않을 것이다.

2) 변화에 대한 저항 극복

① **참여** : 참여는 변화에 대한 저항을 극복할 수 있는 효과적인 방법 중 하나이다. 변화를 계획하고 시행하는 과정에 조직구성원들을 참여시키면 그들이 변화가 왜 필요한지를 보다 잘 이해하게 되고 나아가 변화노력에 적극적인 태도를 갖게 될 것이다. 그러므로 조직변화를 시도할 때 경영자들은 가능하다면 그 변화에 영향을 받게 될 구성원들을 변화의 계획과 시행 과정에 참여시켜야 한다.

② **교육과 의사소통** : 변화의 필요성과 예상되는 결과에 대한 교육을 통해 구성원들이 갖는 불안감을 어느 정도 줄여 줄 수 있으며 변화가 어떻게 진행되고 있는지를 공개함으로써 저항을 줄일 수 있다. 조직변화에 대한 정보가 부족하거나 부정확해 구성원들이 변화를 거부할 때 효과적인 방법이다.

③ **협상** : 변화영역, 시점, 규모에 관해 구성원들과 합의함으로써 저항을 줄이려는 노력이다. 공식적이든 비공식적이든 다양한 방법을 통해 타협안을 도출하여 변화노력을 수용하게 만드는 것으로, 변화에 의해 많은 것을 잃게 되는 구성원이나 집단이 있는 경우 바람직한 방법이다.

④ **점진적 변화** : 한 번에 너무 많은 변화를 시도하는 경우 저항은 더욱 커지게 된다. 점진적 변화는 우선 가장 필요한 변화부터 차례로 시도해 조직구성원들이 변화에 적응하여 받아들일 수 있는 시간적 여유를 주는 방법이다. 조

직규모가 큰 경우에는 처음부터 조직 전체를 변화 대상으로 하기보다는 한 공장이나 한 부서를 선택하여 변화를 시도하는 것이 바람직하다.

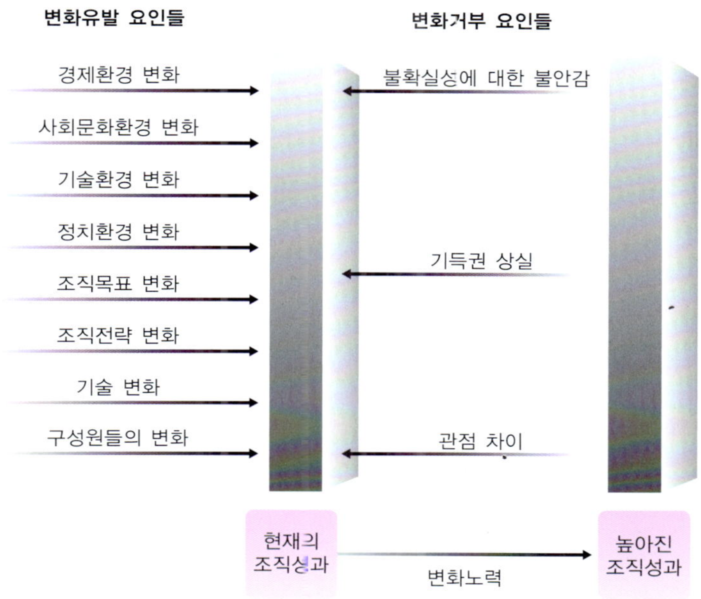

그림 6-6 조직변화의 역학관계

3. 혁신과 조직문화

(1) 혁신의 중요성과 유형

혁신은 참신한 아이디어를 적용해 새로운 것을 만들어 내거나 기존의 것들을 크게 변화시키는 노력이다. 혁신은 변화 영역에 따라 기술혁신과 경영혁신으로 구분할 수 있다.

(2) 혁신에 영향을 주는 요인들

① 조직구조 : 유기적 구조, 풍부한 자원, 조직학습 유발 구조

② 조직문화

③ 인적 자원관리

(3) 조직문화

① **실패의 위험을 기꺼이 감수하려는 분위기** : 새로운 아이디어를 개발하거나 시도하다 실패할 경우에 비난이나 처벌이 뒤따르지 않는 문화를 갖고 있어야 한다. 창의성이 존중되고 실험정신이 강조된다.

② **개방성** : 구성원들이 외부환경의 중요성을 인식하고 그것을 향해 열려 있어야 한다는 생각을 갖고 있다. 이웃 부서나 동료들에 대해서도 마음을 여는 개방적인 자세를 갖고 있으며, 소비자들의 요구와 불만을 소중히 여기는 가치를 가지고 있다.

③ **구체성이 떨어지는 아이디어의 수용** : 그 결과가 객관적으로 입증될 수 있는 구체적인 아이디어만이 존중받는 조직에서는 창의적인 발상과 혁신을 기대하기 어렵다. 아직 잘 다듬어지지 않아 성공 여부가 불투명한 아이디어라도 그 가치를 인정하고 존중하는 문화가 혁신을 촉진시킨다.

④ **비현실성에 대한 인내** : 구성원들이 제시한 대부분의 아이디어는 처음에는 매우 비현실적인 것으로 비춰진다. 기존 방식과 차이가 많을수록 실현가능성이 낮게 평가되어 적절한 지원을 받기 어렵다. 많은 혁신이 처음에는 비현실적인 것으로 평가받은 아이디어로부터 출발한다는 사실을 감안할 때 인내심을 갖고 검토하는 조직문화가 필요하다.

⑤ **다양성의 존중** : 주어진 틀에 얽매일수록 창의력 발휘와 혁신을 기대하기 어렵다. 같은 결과라도 다양한 방법을 통해 이루어질 수 있다는 점을 인정하는 문화가 필요하다. 조직이 처한 여러 문제를 다양한 시각에서 바라볼 수 있으며, 결과적으로 참신한 해결방법이 고안될 수 있다.

(4) 인적 자원관리

① **창의력 개발 훈련** : 다양한 훈련 프로그램을 개발

② **업무관련 능력개발 훈련** : 연공서열이나 단순한 성과만을 기준으로 삼는 보상제도보다는 구성원들이 혁신을 실행하는 데 요구되는 폭넓은 지식과 능력을 갖추게 하여 임금의 일부를 보유하고 있는 기술이나 지식 정도에 따라 달리 주는 노력도 필요하다.

③ **창의력 존중 보상체계** : 성공적인 아이디어에 대한 보상은 물론이고 성공을 거두지 못한 아이디어에 대해서도 적절한 보상이 이루어져야 한다.

과제 및 토론

1. 효과적인 미용업무를 위한 효율적 조직에 관하여 간략히 생각하는 바를 토론해 보시오.

2. 뷰티살롱의 효율적 업무를 위해 살롱에 필요한 직무분석표를 작성해 보시오.

3. 뷰티살롱의 조직문화에 대하여 토론해 보시오.

Understand Marketing

Chapter 7

마케팅의 이해

1. 마케팅의 의미
2. 마케팅 전략
3. 제품, 상표 및 가격관리
4. 오퍼레이션 관리
5. 서비스 오퍼레이션 관리

과제 및 토론

Chapter 7 마케팅의 이해

SECTION 1 마케팅의 의미

1. 마케팅 개념

마케팅(Marketing)이란 시장을 상대로 벌이는 활동 혹은 수요관리를 말한다. 이러한 활동을 원활하게 수행하기 위해 계획을 수립하고 추진 상황을 통제해 나가는 노력을 기울이는 것을 **마케팅 관리**라고 한다. 지금은 서비스 마케팅, 관광 마케팅, 병원 마케팅처럼 산업이나 기관의 특성을 세분화하여 연구하고 있다.

2. 마케팅 관리과정

마케팅 업무와 관련되는 주체의 핵심에는 만족시켜야 하는 목표 고객이 있고, 그 수단인 제품, 가격, 촉진, 유통 장소가 둘러싸고 있다.

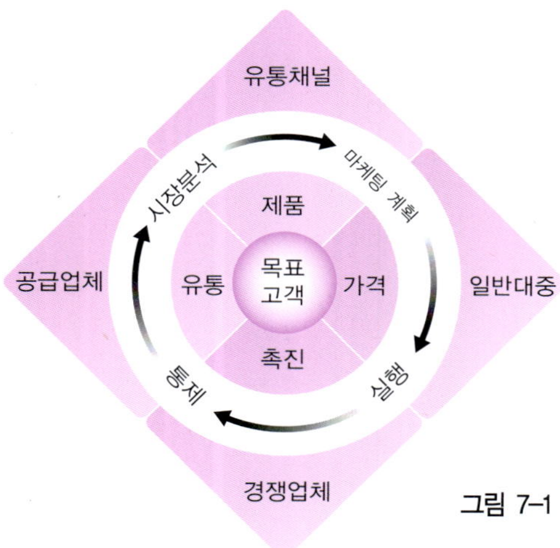

그림 7-1 마케팅 관리과정과 주요 요인

마케팅을 활용하기 위한 수단으로는 마케팅 분석, 계획, 집행, 통제라는 관리활동이 있다. 이러한 관리 과정은 유통기관, 공급업체, 경쟁업체, 사회일반과 같은 환경요인의 제약을 받으면서 반복적으로 이루어지고 있다.

3. 마케팅 부서 및 주요 요인

(1) 마케팅 부서

마케팅 업무부서는 기획, 상품개발, 판매, 광고, 시장조사, 고객관리 업무별로 과나 부 혹은 팀을 구성하는 것이다. 다른 유형은 지리적 혹은 고객 유형별로 영업부서를 두는 방법으로 고객을 가까이에서 만날 수 있고, 시장 정보를 신속하게 파악할 수 있어 고객 욕구를 충족시켜 주는 데 유리한 장점을 갖는다.

세 번째는 대기업체에서 상품부문별로 조직을 구성하고 상품 매니저를 두는 경우로서, 취급상품이나 브랜드가 많아서 책임경영을 할 필요가 있을 때 적합하며 인재를 일찍 발굴하기 쉬운 장점을 가지고 있다.

(2) 마케팅 관리 철학

① **생산 위주의 관점** : 원가를 절감해서 상품을 싸게 공급할 수 있으면 마케팅은 저절로 이루어진다는 생각이다. 구매력이 약한 시장을 상대로 할 때 적합한 전략으로 생산능력에 비해 수요가 현저하게 높은 산업에도 적절하다. 그러나 대체재의 출현이나 고객의 변화와 같은 외부환경 요인을 경시하는 실수를 범하기 쉽다.

② **제품 위주의 관점** : 제품의 성능이나 다양한 기능 혹은 품질로 경쟁에서 승부를 걸겠다는 관점으로서 신제품 개발이나 품질 개선에 노력을 집중한다. 문제점은 이 경우에 시장의 요구와는 동떨어진 제품이나 복잡한 제조공정이 생김으로써 원가가 높아질 수 있다.

③ **판매 위주의 관점** : 이 관점은 소비자는 적극적으로 권하지 않으면 사지 않기 때문에 매출을 올리기 위해서는 영업조직을 확대하고 광고와 같은 커뮤니케이션 활동에 주력해야 한다고 믿는다. 따라서 고객이 만족하는지의 여부에 대해서는 신경을 쓸 겨를도 없고 그저 신규고객을 찾고 공격적인 판매

활동을 하는 데만 노력을 집중한다. 이러한 경향은 경쟁이 심해지는 산업에서 흔히 볼 수 있는데 단기적인 성과에 급급해서 결과적으로 고객으로부터 외면당하는 경우가 많다.

④ **고객 위주의 관점** : 고객 위주의 관점을 실천하는 기업에서는 시장조사처럼 상품을 판매하기 이전의 활동뿐만 아니라 판매 후 활동도 중요하게 여긴다. 또 신규고객을 찾는 만큼 기존 고객을 만족시키는 데도 비용을 들인다. 고객이 있기 때문에 회사가 존재한다는 인식을 직원들에게 철저하게 교육시키고, 고객만족을 기업의 으뜸으로 생각한다.

⑤ **사회복리 위주의 관점** : 기업은 이익뿐만 아니라 고객의 장기적인 행복과 사회 전체의 복리를 고려해야 한다는 견해를 말한다. 사회적 책임과 이윤추구가 양립될 수 있다고 믿는다.

(3) 현대 마케팅 관리 철학

현대 마케팅 관리이념으로는 소비자지향성, 기업목적지향성, 전사적 마케팅 지향성, 사회적 책임지향성 등의 네 가지로 볼 수 있다.

① **소비자 지향성** : 고객 중심주의 마케팅을 말한다. 즉, 고객의 관점에서 고객의 요구와 욕구를 정의하고 이를 충족시켜 주어야 함을 말한다. 따라서 기업은 고객에 대한 조사를 통해 고객의 요구와 욕구를 명확히 구명한 후 제반 마케팅 활동을 수행해야만 한다.

② **기업목적 지향성** : 기업이 장기적으로 존속·성장하고 기업의 가치를 극대화하며 나아가서 사회에 봉사하기 위해서는 적정한 이익실현이 필요한데, 이러한 이익은 고객만족을 통해 달성된다. 고객의 욕구충족을 통해 경쟁에서 우위를 확보하게 되고 그 결과 기업이 이익을 얻음으로써 고객만족과 기업목적 및 기업의 이익실현을 동시에 달성할 수 있어야 한다.

③ **전사적 마케팅 지향성** : 마케팅 부서를 중심으로 각 부서가 합심하여 고객에게 만족을 제공할 수 있는 방향으로 행동해 나가야 한다는 것이다. 내부 마케팅은 고객에게 충분히 봉사할 수 있는 능력을 갖춘 종업원을 선발하여 교육·훈련시키고 모티베이션을 부여하는 것이다. 외부 마케팅은 고객지향적 마케팅으로, 실현을 위해서는 내부 마케팅이 선행되어야 한다.

④ **사회적 책임 지향성 :** 위의 세 가지 마케팅에 대한 비판으로 1970년대 이후 등장한 것으로, 목표시장에서 소비자의 요구와 욕구를 발견하고 이를 충족시키는 것은 물론이고 소비자 및 사회 전체의 복지를 보존·고양시키는 방법으로 마케팅 활동이 수행되어야 한다는 것이다.

SECTION 2 마케팅 전략

1. 조직목표의 확인

조직의 존재 이유와 문화를 확인하는 과정이 필요하다. 경영전략에서는 최고경영자가 추구하는 목표와 경영 전략이 제시된다. 비전, 사업영역, 조직문화 등 조직목표의 확인이 필요하다.

2. 여건 분석

(1) 3C 분석

① 고객(Customer)
② 경쟁자(Competition)
③ 기업(Company)

(2) SWOT 분석

SWOT는 강점(Strengths), 약점(Weaknesses), 기회(Opportunities), 위협(Threats)을 뜻한다.

사업성공에 결정적으로 중요한 요인에 대한 철저한 분석이 필요하다. 고객의 욕구는 워낙 다양하고 이에 따른 환경의 변화가 많으므로 파악하기가 곤란하지만 구매행동에 영향을 주는 요소, 구매결정 과정, 구매자의 수 등 고객의 구매형태를 분석할 수 있는 몇 가지 기준을 정해서 분석하면 효율적이다.

표 7-1 SWOT 분석에 따른 마케팅 전략

	강점(S)	약점(W)
기회(O)	• 강점-기회(SO)전략 ⇒ 기회를 활용하기	• 약점-기회(WO)전략 ⇒ 약점을 극복함으로써 기회를 활용하는 마케팅 전략을 창출
위협(T)	• 강점-위협(ST)전략 ⇒ 위협을 회피하기 위해 강점을 사용하는 마케팅 전략을 창출	• 약점-기회(WT)전략 ⇒ 위협을 회피하고 약점을 최소화하는 마케팅 전략을 창출

check point

한 기업의 분석 시 SWOT 분석 예

① **강점** : 특허, 고객충성도, 상대적으로 저가에서 재화 혹은 서비스를 생산할 능력 및 새로운 기회를 추구할 수 있는 자원
② **약점** : 높은 원가, 자금의 부족, 잘 알려지지 않은 브랜드

강점과 약점을 평가하기 위해 관리자는 특히 기업이 다른 어떤 기업보다도 더 나은 기업 특유의 능력(자산)을 찾아야 한다.

③ **기회** : 충족되지 않은 수요 또는 신제품 콘셉트 혹은 기술 등을 포함
④ **위협** : 새롭거나 더욱 강한 경쟁자, 기업의 활동을 제한하는 새로운 법률, 기업이 제공하는 제품으로부터 고객의 욕구나 기호의 변화

기회와 위협을 평가하는 관리자는 특히 마케팅 환경의 각 차원에서 변화를 찾는다. 변화는 전형적으로 매우 중요한 기회를 발생시킨다.

(3) 마케팅 전략(4P)

마케팅 계획수립단계에서 목표시장을 구체적으로 설정하고 목표시장에 대한 가장 적합한 마케팅 수단인 마케팅 믹스(Marketing Mix)를 개발하는 것을 의미한다. 마케팅 믹스는 제품, 경로, 촉진, 가격의 4개 요소로 구성된다.

1) 제품(Product)

① 마케팅 관리자가 그들의 표적시장에 제공하는 정확한 재화 또는 서비스, 또

는 그런 재화 혹은 서비스로 고객을 만족시키기 위해 향상된 많은 방법을 의미한다.

② 뷰티산업에서는 미용제품과 상품, 미용기술과 서비스의 개발 및 관리 등을 말할 수 있다.

2) 가격(Price)

마케팅 전략을 지원하기 위한 가격수준을 설정하는 것이다.

3) 경로(Place)

① 특정상품이나 서비스의 흐름을 돕기 위해서 참여하는 일련의 중간상인 또는 매개인으로 이루어지는 통로이다.

② 유통경로의 의미와 상통한다.

③ 미용산업에서는 서비스 장소의 입지(위치) 등을 말할 수 있다.

4) 촉진(Promotion)

① 기업이 생산·판매하는 상품 또는 서비스를 목표고객들에게 제대로 알리는 기능이다.

② 미용산업의 광고, 홍보, 판촉, 인적 판매 등이 포함된다.

기업중심적인 관점에서의 4P는 소비자 중심의 4C로 살펴볼 수 있으며, 고객가치·대가·편리성·커뮤니케이션 등으로 정리할 수 있다.

① **고객가치(Customer Value)** : 고객이 인정하는 상품의 가치 ⇒ 제품

② **대가(Cost)** : 고객이 지불해도 좋다고 생각하는 가격 ⇒ 가격

③ **편리성(Convenience)** : 고객이 구입하기 쉽거나 사용하기 쉬운 것 ⇒ 유통

④ **커뮤니케이션(Communication)** : 고객과 기업의 양방향 커뮤니케이션 ⇒ 판매촉진

(4) 경쟁우위를 구축하기 위한 전략

기업이 수행하려는 마케팅 전략은 그 기업이 갖는 시장에서의 지위에 의해 제약을 받는다.

① **비용우위 전략** : 경쟁시장에서 가격은 가장 중요한 요소로, 가격이 낮은 제품은 기본적인 경쟁력을 갖추게 된다. 비용우위 전략은 적극적인 투자로 대량생산에 의한 규모의 경제를 실현하고 시장규모를 확대시키며, 시장점유율을 증가시켜 경험효과에 의해서 경쟁회사보다 낮은 비용으로 시장에서의 지위를 확보한다는 것이다.

② **차별화 전략** : 차별화 전략은 자사제품이 경쟁제품과 다른 점을 만들어 내는 것이다. 소비자가 인식하지 않는 차별화는 차별화가 아니기 때문에 기업은 소비자가 중요시하는 요소를 찾아내 제품에 독특한 특징을 갖게 하여 보다 높은 부가가치를 제공해야 하며 소비자는 이를 인식하고 만족해야만 차별화 전략이 제대로 수행되는 것이다. 브랜드 이미지, 제품의 기능, 편익, 가격 등을 차별화할 수 있고 서비스나 유통 등에서 차별화할 수도 있다.

③ **집중화 전략** : 집중화 전략은 특정고객, 특정제품, 특정시장 등 한정된 영역에 기업의 마케팅 자원을 집중시켜 경쟁우위를 만들어 내는 전략이다. 이 전략은 표적영역이 작기 때문에 적은 비용으로 큰 효과를 얻을 수 있다. 그러나 집중화 전략은 집중에 따른 차별성을 부각할 수 없게 되면 그 효과가 떨어지는 단점이 있다.

3. 시장 세분화

(1) 시장 세분화 개념

다양한 욕구를 가진 개인들의 집합 중 가장 적합한 시장부분을 찾아가는 과정을 시장 세분화라고 한다. 시장 세분화 전략이란 전체시장을 각 특성에 따라 여러 하위시장으로 구획화한 다음에 자사의 목표·자원·수익이라는 관점에서 가장 유리한 어느 한 시장 혹은 시장군을 선택하여 그에 부합되는 마케팅 믹스를 적용하려는 데에 그 의의가 있다.

(2) 시장 세분화 기준

시장 세분화의 변수로는 지리적 변수, 인구통계적 변수, 심리묘사적 변수, 행동적 변수 등을 들 수 있다.

(3) 시장 세분화에 따른 마케팅 전략

① **차별적 마케팅 전략** : 세분화된 여러 시장의 특성에 맞도록 각각 다른 마케팅 믹스를 만드는 전략이다. 이 전략은 몇 개의 표적시장을 정하고 각각 차별화된 마케팅 믹스를 적용하게 되므로 다양한 고객을 만족시킬 수 있다. 따라서 마케팅 믹스를 수행하기 위한 비용도 증가하므로, 충분한 자금력을 가지지 못한 기업은 이 전략을 수행하기 어렵다.

② **비차별적 마케팅 전략** : 하나의 표적시장을 설정하고 여기에 하나의 마케팅 믹스를 적용하는 전략이다. 소비자의 행동, 구매동기 등이 비슷하다는 가정하에 채택하는 전략으로 시장의 가장 평균적인 부분이나 크기가 큰 공통점을 표적으로 삼는다. 주로 표준품을 생산하는 제품전략을 취하고 상표 이미지를 강하게 부각시킬 수 있는 촉진전략을 취한다. 차별적 마케팅 전략보다는 적은 마케팅 믹스 비용이 소요된다. 표준제품의 대량생산에 의한 규모의 경제효과를 얻을 수 있고 이에 따라 경험곡선에 의한 비용우위를 가지게 되어 경쟁우위를 점할 수 있다.

③ **집중적 마케팅 전략** : 특정 시장에서 전문화된 마케팅 믹스를 수행하는 전략이다. 이 전략은 특화된 시장에 경영자원을 집중한다. 기업의 자원이 부족하여 전체 시장을 지배하기 힘들 때 선택하는 이 전략은 설정된 시장에 맞는 전문적인 마케팅 믹스로 고객의 욕구를 만족시켜 특정 시장에서 시장점유율을 높일 수 있다는 장점이 있다.

4. 전사적 자원관리

(1) 미용산업의 전사적 자원관리(ERP : Enterprise Resource Planning)

미용기업에서는 일반적인 기업 활동에서의 필요한 경영정보시스템이 전부 완비되어 있지는 않지만, 많은 미용정보기업들의 미용기업 운영지원시스템의 개발로 다른 업종에 비해 활발히 이용되고 있다.

전사적 자원관리는 생산·물류·재무·회계·영업 및 구매·재고 등 기간업무 프로세스들을 통합적으로 연계 관리해 주며, 주위에서 발생하는 정보들을 서로 공유하고 새로운 정보생성 및 빠른 의사결정을 도와주는 전사적 통합정보시스템을 말한다.

(2) 고객 데이터베이스(DB) 관리 이유

① 고객에게 시술과 서비스를 제공할 때 정확하게 할 수 있으며, 뷰티 시술 작업 전 트러블을 사전에 예방할 수 있다.
② 재방문 시 같은 시술과 시간 및 동일한 작업을 진행할 수 있다.
③ 고객과의 상담을 통한 접촉이 가능하며, 고객의 사후관리와 DM 발송 시 또는 문자 서비스 시에도 이용할 수 있다.
④ 예약고객관리를 진행할 수 있다.
⑤ 각각의 고객 관리 후에 고객의 변화를 인지할 수 있는 점도 장점이다.

(3) 고객관리를 위해 필요한 항목

고객관리는 고객의 신상 파악, 고객의 서비스 요구 파악, 시술 종류 결정 및 시술 예약에 의한 고객관리 등으로 파악하여 정리할 수 있다. 기존의 차트와 동일시하여 정리할 수 있다.

고객신상관리와 고객 케어 항목	
고객 ID(일련번호)	고객성명
성별	생년월일
음력양력	우편번호
주소	이동통신
전화번호	이메일
직업	담당 직원
방문동기	기타 사항
최초 방문일	비고

고객 케어 항목과 케어 사항	
고객 케어 항목	시술 케어 항목
고객 ID	케어 사항
고객성명	가격
케어 일자	만족도
사후관리 날짜	

시술자	예약관리
담당관리사	고객 ID
	접수일시
담당고객 ID	방문날짜
	예약시간

(4) 홈페이지 관리

홈페이지란, 개인이나 단체가 인터넷을 통해 정보를 제공하거나 의사소통을 하기 위해 특별한 형식으로 만든 문서를 말한다. 웹 사용자가 각각의 웹 사이트에 들어갈 때 처음으로 나타나는 문서를 말하며, 홈페이지에는 주로 웹 서버를 구축한 기관이나 개인에 대한 간략한 소개가 실려 있다.

홈페이지 관리라고 함은 홈페이지의 전반적인 운영, 재개발, 서비스 체계 개선, 디자인 및 인터페이스 변경 등 등재를 제외한 모든 홈페이지 관리업무를 말한다. 홈페이지는 상품 판매나 광고, 홍보를 통한 수익 상승과 마케팅 효과를 얻는 데 목적이 있다. 마케팅 효과가 없이는 방문객도 없고 결국에는 방치될 수밖에 없다. 그러므로 마케팅 효과를 살린 홈페이지 제작이 사업의 가장 기본이 돼야 하는 부분이다.

홈페이지에 올린 콘텐츠를 실시간으로 블로그, 페이스북, 트위터를 통해 공유할 수 있도록 홈페이지를 제작한 마케팅이 주목받고 있다.

(5) 블로그 관리

블로그(blog 또는 web log)란 웹(web)과 로그(log, 기록)를 합친 낱말로, 스스로가 가진 느낌이나 품어오던 생각, 알리고 싶은 견해나 주장 같은 것을 웹에다 일기처럼 차곡 차곡 적어 올려서, 다른 사람도 보고 읽을 수 있게끔 열어 놓은 글들의 모음이다.

보통 시간의 순서대로 가장 최근의 글부터 보인다. 그러나 글쓴 시간을 수정할 수 있는 블로그의 경우에는 시간을 고쳐 글 순서를 바꿀 수 있다. 여러 사람이 쓸 수 있는 게시판(BBS)과는 달리, 한 사람 혹은 몇몇 소수의 사람만이 글을 올릴 수 있다.

블로그를 소유해 관리하는 사람을 블로거라고 한다. 인터넷 게시판 형식을 띠는 개인 미디어로 외형은 인터넷 게시판이나 방명록과 비슷하지만 사용과 관리가 훨씬 편하다는 장점이 있다. 보통 인터넷 게시판에서는 로딩 시간 지연이나 서버 과부하를 막기 위해 게시판에 사진을 올리거나 제목에 태그를 삽입하는 일조차 제한하고 있다. 하지만 블로그에서는 몇 번의 클릭만으로 다양한 멀티미디어 파일을 삽입할 수 있다.

블로그는 블로그 사이에 링크 기능이 있어 블로그 사용자끼리의 거대한 온라인 커뮤니티를 형성할 수 있어 최근 급격히 확산되고 있다. 특히 블로그는 1인 미디어로 독특한 컨텐츠를 계속 업데이트해 수준 높은 여론 형성의 장을 만들고 있다.

블로그는 블로그끼리만 연결되어 있어 함부로 답글을 쓰지 않고, '1인 미디어'로 자신의 의견을 전하기 위해 계속 업데이트를 하기 때문에 컨텐츠가 강화된다는 장점이 있다. 따라서 블로그는 게릴라 언론매체로 불리고 있다.

(6) 홍보용 POP 제작 관리

오늘날 소비자는 개성이 강하며 다양화·차별화되어 가고 있다. 그러므로 현장에 직접 최종 소비자의 구매시점을 유도하여 판매하는 광고가 필요하다. POP(Point of purchase advertising, 구매시점 광고)광고란 소매점의 점포 안이나 점두에 여러 가지 형태로 나타나는 광고 메시지를 말한다. 이것은 최종 소비자에게 매장에서 직접적으로 하는 광고로써, 판매원의 설명을 덜어 줄 수 있으며 상점 안을 미적으로 아름답게 꾸밀 수 있다.

5. 뷰티산업 마케팅 전략

(1) 뷰티산업 마케팅의 중요성

① 뷰티산업의 흐름이 미용기술자 또는 샵 중심에서 소비자, 고객중심으로 경영환경의 변화가 이루어 졌으며, 뷰티살롱의 양적 팽창으로 그에 따른 타 업체와의 경쟁이 심화되었다.

② 인터넷 시대의 합리적이고 학습된 소비자의 증가로 요금·기술·서비스 등을 비교 평가한 후 구매하는 소비자층이 증가하였다.

③ 뷰티제품과 기계 및 기술의 수명 주기의 흐름이 빨라짐으로써 소비자의 니즈에 맞춘 변화가 필요하다.

④ 개성의 다양화, 세계화 등 소비 패턴의 변화와 뷰티산업의 진입장벽이 낮아지면서 일반 사업자의 진입이 쉬워져서 경쟁업체 간의 차별화된 마케팅의 능력이 중요해 졌다.

⑤ 고학력, 전문가 집단, 우수 두뇌 인력의 유입으로 인한 미용인력이 엘리트화되어 마케팅의 차별화가 뷰티산업 성공의 키워드로 대두되고 있다.

(2) 뷰티살롱 마케팅의 실제

1) 뷰티살롱 고객욕구의 파악

① 미용 서비스에서 고객은 자신의 욕구를 인식하고 아름다워지려는 자신의 욕구를 충족하기 위한 요구, 즉 상품을 찾게 된다.

② 뷰티살롱에서 제공하는 기술과 서비스의 만족이 크면 클수록 고객의 구매욕구도 더욱 더 커지게 된다.

③ 고객의 욕구는 고객이 경험했거나 아는 정보의 수준에서 필요를 느끼게 되는 경우이며, 고객이 인식하지 못하고 있던 욕구, 즉 잠재되어 있는 고객의 욕구를 깨워주는 경우이다.

④ 고객은 자신의 경험과 정보를 최대한 활용하여 최소비용으로 최대가치를 얻으려고 하며, 살롱에서는 이러한 고객의 욕구를 표현하는 일에 당당한 명분을 제공하는 것이 뷰티산업 마케팅의 핵심이다.

2) 뷰티살롱에서 고객을 유치하는 핵심요소

① 뷰티살롱에서 고객의 불안을 해소하기 위해서는 제품 및 기술·서비스에 대한 상세한 정보를 제공하는 것이 도움이 된다.

② 환불 보장제, 후불제, 가격정찰제 등은 이런 고객의 불안을 해소하는데 좋은 방법이 될 수 있다.

③ 고객을 유치하는데 도움이 되는 방법은 덤이라고 하는 마일리지, 포인트, 캐쉬백, 할인, 사은품, 경품 등을 제공하는 방법 등이 있다.

④ 이는 실질적 이익에 중요도를 과학적으로 검토하여 가격저항선, 가격민감도 등을 파악 후 적용하도록 한다.

3) 뷰티살롱 상권별 판촉전략

뷰티살롱의 판촉전략은 상권별로 다르게 수립하여야 하며, 그 정보는 상황별·시기별·계층별로 해당 상권에 적합한 맞춤식 판촉이라야 성공을 보장받을 수 있다.

① **역세권 :** 역세권은 교통의 요지로서 고객층이 다양하고 유동인구가 많으므로 가두홍보 효과가 크다. 가시성이 확보된 살롱의 경우는 현수막을 잘 이용하면 좋다. 현수막, 전단지 배포, 판촉물 배포, 쿠폰 배포 등을 들 수 있다.

② **대형 쇼핑센터 내 :** 대형 쇼핑센터 내 입점은 그 자체가 샵인샵이므로 모체인 대형 쇼핑센터의 영업력에 따라서 살롱의 운명도 결정된다. 대형 쇼핑센터 내의 미용실도 쇼핑센터 자체의 내부 상권에 의한 영향력이 크므로 입점할 때 유리한 상권을 확보해야 한다. POP광고, 입점업체와 제휴, 비수시간 특가전, 쿠폰배포(무빙워크, 주차장) 등을 들 수 있다.

③ **학원가 :** 학원가의 주 고객은 학생으로 질보다 양에 민감하고, 양보다는 가격에 민감하다. 따라서 원가경쟁력이 있는 업소는 가격경쟁에서 큰 효과를 볼 수 있다. 할인쿠폰, 저렴한 요금을 알리는 판촉물 전단, 포인트 누적제 등을 들 수 있다.

④ **아파트단지 내 상가 :** 아파트단지 내 상가는 신규고객이 많지 않으므로 기존고객의 재방문율을 높이는 전략이 핵심이다. 단지 내 삼삼오오 함께 하는 주부들의 마음을 얻어야 한다. 가능하면 단지 내 아파트에 거주하는 것이 좋다. 회원 추천제, 기념일 우편(DM) 관리, 호수별 광고지 우편발송, 전단배포, 쿠폰 등을 들 수 있다.

⑤ **일반 주택가** : 일반 주택가는 고객의 유동이 많지 않고, 고객층의 영역이 일정 범위 내에 한정되어 있으므로 영역 내의 거주민을 대상으로 하는 전단배포가 용이하다. 특히 일반 주택은 주부들에 의한 입소문의 영향력이 크다. 회원추천제, 기념일 문자관리, 세대별 전단지 직배, 판촉용 사은품, 쿠폰 등을 들 수 있다.

표 7-2 뷰티살롱 마케팅 환경의 변화 (기업중심의 관점(4P) – 소비자중심의 관점(4C))

4P	내용	4C	내용
Product	뷰티기술, 서비스, 화장품	Customer Value	기술 및 서비스의 가치
Price	프로그램별 요금	Ccst	합당한 가격
Place	상권, 위치	Convenience	편리성
Promotion	광고, 홍보, 판촉	Communication	쌍방향 소통

SECTION 3 제품, 상표 및 가격관리

1. 제 품

(1) 개 념

제품은 브랜드·포장·기능·디자인·품질로 이루어지며·마케팅 전략상 추가될 수 있는 운반·설치·애프터 서비스·보증이 포함된다.

(2) 제품의 구성요소

핵심 상품은 그 제품을 통해서 얻게 되는 혜택이나 서비스를 뜻한다. 예를 들어 화장품이나 향수의 핵심은 아름다워지고 성적 매력이 넘치게 되고 싶어하는 소비자들의 욕구를 충족시켜 주는 것이고, 결혼행사 업체가 판매하는 서비스의 핵심은 기억에 남는 순간을 만들어 주는 것이다.

통상적으로 우리가 제품이라고 이야기할 때 인식하는 내용으로서 브랜드, 패키지, 기능, 디자인, 품질 수준과 같은 것이다.

추가된 제품요소는 마케팅 전략상 추가될 수 있는 부분으로서 운반이나 설치, 애프터 서비스, 보증과 같은 내용이 된다. 결국 고객들이 제품을 구매할 때는 단순한 기능뿐만 아니라 세 가지 차원의 제품구성 전체를 보고 평가하며, 패션 의류나 고가 제품일수록 추가되는 제품요소가 차지하는 비중이 커지게 될 것이라는 점을 알 수 있다.

(3) 제품의 분류

1) 소비자 제품

일반 소비자들이 구매하는 상품이나 서비스를 말하며, 편의품·쇼핑품·전문품 등으로 말할 수 있다.

① **편의품** : 구매빈도가 잦으며 별다른 노력을 기울이지 않고 즉각적으로 구매결정을 내리는 것들이다. 패스트푸드·슈퍼마켓·편의점·무인 판매기에서 구매하는 상품들이며, 소비자들은 이런 상품을 가까운 장소에서 사려고 한다.

② **쇼핑품** : 구매빈도가 낮은 반면 소비자들이 구매할 때 가격이나, 품질, 브랜드 같은 것을 비교하면서 신중한 태도를 취하는 제품군을 말하는데 선매품이라고도 한다. 옷이나 가구, 호텔이나 고급 레스토랑 서비스를 말한다. 소비자가 구매결정을 신중하게 내리는 만큼 상대하는 직원이 구매과정에 영향을 크게 미칠 수 있다.

③ **전문품** : 상품이나 서비스의 특수한 면 때문에 소비자들이 구매를 위해서 시간이나 비용을 들여서라도 찾아 나서는 제품을 말한다. 고급 카메라나 오디오 시스템 등이다. 쇼핑 물품을 구매할 때와는 달리, 전문품 고객은 자신이 선호하는 브랜드를 갖고 있고 그 브랜드를 사기 위해서 점포를 적극적으로 찾는 경우가 많다.

2) 산업재

사업용으로 구매하는 제품을 말한다.

① **시설재** : 공장이나 사무실 건물 및 생산시설 혹은 이러한 시설에 이용되는 규모가 큰 시스템 같은 것이며, 엘리베이터·대형 컴퓨터 시스템·발전기·수송차량 같은 것이다.

② **원자재** : 오퍼레이션을 위해서 지속적으로 투입이 되어야 하는 원료나 부품을 말한다. 식품 제조업체의 식자재, 뷰티 숍의 화장품, 제조업체의 철강, 타이어 등등 부품 등이다. 원자재는 생산자로부터 직접 구매하는 경우가 많다.

③ **소모품** : 일상적인 비즈니스 업무에 소요되며 구매빈도가 잦고 구매결정을 비교적 쉽게 내리는 제품들이다. 시설유지나 보수를 위해 필요한 윤활유나 페인트처럼 자질구레한 품목들이 많다. 청소 서비스, 고장수리, 법률 서비스, 광고 서비스 등이 해당된다.

2. 상 표

(1) 개 념

상품이나 서비스를 구분해 줄 수 있는 이름이나 심벌(Symbol)을 말한다. 등록할 경우에는 독점적인 사용권을 갖게 된다.

(2) 상표 가치

상표의 명성·인식된 품질·브랜드 로열티·브랜드를 통해 연상되는 내용으로 구성되며, 특히 소비자들이 보여주는 상표에 대한 강한 애착인 브랜드 로열티와 밀접한 관계가 있다. 브랜드 로열티를 보이는 고객이 많을수록 그 상표의 가치는 높아진다. 따라서 마케팅의 목표는 자신의 상표에 애착을 갖는 고객을 많이 만드는 것이라고 할 수 있다.

(3) 상표관리의 주체

1) 제조업체 상표

제조업체가 상품개발부터 생산과정 그리고 마케팅 관리까지 책임지고 자신의 상표를 부착하는 경우이다. 과거 유통업이 발달되기 전에는 제조업체 상표가 가장 일반적이다.

2) 유통업체 상표(PB : private brand)

제조업체에 비해서 유통업체의 영향력이 상대적으로 커지면 제품개발, 광고 및 판매, 고객 서비스처럼 상품에 관한 전반적인 관리를 유통업체가 맡고 제조업체는 생산에만 전념하는 현상이 나타난다. 이때 유통업체가 이용하는 상표를 유통업체 상표 혹은 PB라고 한다.

3) 라이센스 상표

패션 산업에서 많이 볼 수 있는 현상으로서 제조업체가 상표 관리를 전문으로 하는 회사에 로열티(Royalty)를 지급하고 유명 브랜드나 캐릭터를 자신의 상품에 부착시키는 경우이다.

4) 제휴 상표

명성을 쌓은 기업 간에 제휴를 통해서 한 상품에 두 개의 상표를 동시에 부착하는 경우이다. 전략적 제휴가 빈번해지면서 사례도 늘어나고 있는데 보통 복잡한 법률관계를 수반하게 된다.

3. 가격관리

가격이란, 제품이나 서비스를 구입하기 위해 지불해야 할 금액이다. 사는 사람은 제품이나 서비스를 통해 얻을 수 있는 유형·무형의 모든 가치와 자신이 지불해야 할 금액을 비교해서 가치가 가격보다 클 때 구매를 결정한다.

① **가격의 범위** : 마케팅 전략, 재무전략과 같은 기업 내부요인과 소비자 특성, 경쟁업체 전략, 경제 여건, 법률 규제와 같은 기업의 외부 요인에 영향을 받아서 결정한다.

② **가격의 구성 요인** : 가격은 원가와 마크업(마진)으로 나누어지는데, 마크업은 다시 관리비·영업비·재고 손실·가격할인과 이익으로 세분된다. 부가가치가 높은 제품일수록 마크업률이 높은 것이고 박리다매를 노리는 제품일수록 마크업률은 상대적으로 낮아진다.

③ **가격책정 방법** : 원가 중심, 고객가치 중심, 경쟁업체 중심으로 나눌 수 있다.

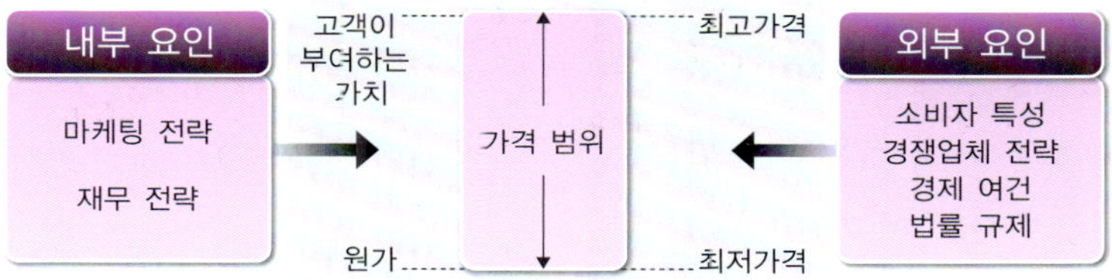

그림 7-2 가격결정에 영향을 미치는 요인

SECTION 4 오퍼레이션 관리

1. 오퍼레이션 업무

(1) 개 념

오퍼레이션(Operation)이란, 생산 요소를 투입해서 판매할 수 있는 상품이나 서비스를 만들어 내는 과정을 말한다. 서비스 산업이 국가경제에서 차지하는 비중이 많아지면서 오퍼레이션은 점차 중요도가 높아지고 있다.

(2) 오퍼레이션 업무의 구분

오퍼레이션 업무는 시스템 설계, 일상 운영업무, 시스템 개선업무로 묶을 수 있다.

1) 시스템 설계

시설의 규모, 위치결정, 시설 설계처럼 시스템 설계를 통해 오퍼레이션 업무의 골격을 전략적으로 결정하는 것이 중요하다. 서비스 업체의 경우도 마찬가지이다.

시설 설계는 오퍼레이션 업무가 가장 효율적으로 수행될 수 있게 업무의 흐름이나 작업 설비의 위치를 결정하는 것을 말하며, 시설 설계는 한 번 결정되면 쉽게 바꿀 수 없기 때문에 역시 장기적인 관점에서 전략적으로 결정되어야 한다.

2) 일상 운영업무

일상적인 오퍼레이션 업무로는 자재관리, 재고관리, 공정관리 등을 들 수 있다.

① **자재관리** : 자재 소요량의 예측부터 업체 선정, 주문 입고까지의 일들을 계획·집행·통제하는 업무이다.

② **재고관리** : 판매나 생산 활동을 용이하게 하기 위해 보관하는 상품이나 원자재, 부품, 소모품을 일컫는다.

③ **공정관리** : 작업을 어디서, 언제 수행하며 얼마나 생산할 것인가를 결정하는 것처럼 구체적인 생산 활동을 계획하고 통제하는 과정을 말한다.

3) 시스템 개선업무

품질을 높이기 위한 근본대책을 마련한다든지 교육을 실시하고 또 작업 현장의 시스템을 개선하거나 시설을 보수하는 것과 같은 업무가 시스템 개선 영역에 포함된다.

표 7-3 오퍼레이션과 다른 부서의 연관성

부서	중요결정	연관되는 오퍼레이션 업무
마케팅	고객	상품 디자인, 품질 수준 결정, 품질관리
	시장규모	생산 공정 유형, 시설 규모
	유통경로 선정	재고 수준과 보관 장소
	가격	품질 수준, 시설 규모, 재고 수준
	신제품 개발	신제품 개발팀의 구성
세무, 회계	유동자금 규모	재고 수준 결정, 자동화 수준, 공정 타입
	투자평가, 자금 흐름	자동화 여부, 재고 수준, 생산능력
	원가통제	원가측정 방법
인사	직원 숙련도	공정 타입, 자동화 가능 여부
	정직원, 시간제 직원 비율	생산 능력, 생산 일정 계획
	직원 교육	품질 개선
	직무 설계	공정 및 기술 선정
정보 시스템	사용자 요구 결정	오퍼레이션 업무 분석
	정보 시스템 설계	오퍼레이션 업무 흐름의 개선
	소프트웨어, 하드웨어 결정	시설 자동화, 재고 관리, 품질 관리

2. 오퍼레이션관리 목표

오퍼레이션 관리의 목표는 원가절감, 품질향상, 시간 단축, 유연성 향상이다.

SECTION 5 서비스 오퍼레이션 관리

1. 서비스 상품의 특징

서비스 상품의 특징은 무형성, 일정하지 않음, 생산과 소비가 분리되지 않음, 보관할 수 없음을 들 수 있다.

(1) 무형성

서비스 상품은 행위, 과정, 그리고 그 결과로 나타나는 성과로 구성되는데 일반적인 상품과는 달리 형태를 갖지 않는다는 점을 특징으로 들 수 있다. 객관적으로 측정하기가 어려워서 평가 자체가 유형의 상품보다 주관적으로 이루어질 가능성이 더 커진다.

(2) 일정하지 않음

서비스 상품은 서비스를 제공하는 사람이 관여되기 때문에 직원에 따라 혹은 같은 직원이라고 해도 컨디션이나 분위기에 따라 성과가 달라지기 쉽다. 품질관리의 기초가 품질 수준을 일정하게 하는 것에서 시작되는데 상황에 따라 품질이 달라질 소지가 큰 서비스 상품은 그만큼 품질관리가 힘들게 된다.

(3) 생산과 소비가 분리되지 않음

상품과 다르게 서비스는 대부분 생산현장에 소비자가 참여하여 생산과 동시에 소비를 한다. 이때 서비스를 제공하는 사람과 고객, 함께 참여하는 고객끼리의 상호관계가 일어나면서 서비스를 통한 느낌은 더욱 복잡해지게 된다.

이처럼 서비스는 품질을 확인해서 판매하는 일반적인 상품의 경우와는 달리 품질관리상의 어려운 점이 있다.

(4) 보관할 수 없음

공연장의 텅 빈 좌석은 다음 차례의 공연을 위해 이용할 수가 없다. 마찬가지로 항공기의 빈 좌석과 예약을 지키지 않은 고객에 의해 손해를 보는 시간은 소멸되어 버린다. 성수기와 비수기를 대비하여 비축할 수 있는 상품과는 달리, 서비스는 보관할 수 없기 때문에 수요와 공급의 일치는 지극히 힘들다. 또한 성수기와 비수기 간에 동일한 수준의 서비스 품질을 유지하는 일도 힘들어진다.

2. 서비스 품질

서비스 산업에서 품질을 평가하는 것은 어렵다. 따라서 서비스 품질을 간략하게 정리한다.

(1) 신뢰(Reliability)

약속한 서비스를 제공하는 능력으로 품질을 결정짓는 핵심 요소이다. 신뢰는 여러 차례 반복되는 경험을 통해서 쌓이는 것이다. 그러므로 여러 번 잘하다가도 한 번이라도 못하게 되면 신뢰를 잃게 된다.

(2) 확신(Assurance)

직원의 외모나 태도, 행동을 통해서 느낄 수 있는 전문성에 대한 확신을 말한다. 정중하고 자신감 있는 태도는 고객으로 하여금 서비스 제공자에 대한 전문성을 확신하는 데 도움을 준다. 따라서 서비스 제공자에 대해서 느끼는 신뢰감이라고 할 수 있을 것이다.

(3) 반응(Responsiveness)

서비스는 고객과 파는 사람이 함께 있는 자리에서 생산과 소비가 동시에 일어나는 경우가 많다. 따라서 그 과정에서 고객의 요구나 질문및 문제를 신속하게 처리하거나 예측할 수 있게 진행상황을 알려 주는 일이 중요하다. 서비스를 요청하는 고객을 오래 기다리게 만드는 것은 결국 서비스의 품질을 떨어뜨리는 결과를 낳는다.

(4) 공감(Empathy)

고객 개개인에게 쏟는 관심과 애정을 말한다. 자신의 이름을 기억해 주는 서비스 제공자에 대해서 그 고객은 특별히 대접받는다고 느끼며 결과적으로 서비스 품질을 높게 평가하게 된다.

(5) 유형성(Tangibles)

시설, 장비, 접객 직원, 홍보물처럼 눈으로 직접 볼 수 있는 요소들도 서비스 품질을 느끼는 데 영향을 미친다. 따라서 직원들의 옷차림과 인상 등은 서비스 품질을 지각하는 데 크게 영향을 준다.

과제 및 토론

1. 뷰티전문가로서 나 자신의 SWOT 분석을 진행해 보시오.

2. 뷰티사업장의 새로운 고객 창출과 기존 고객 유지를 위한 마케팅 기법에 대하여 다른 미용기업들의 예를 사전조사 한 후 마케팅 계획을 간략히 수립해 보시오.

3. 뷰티살롱에서 진행할 수 있는 이벤트를 계획하고 홍보할 수 있는 판촉물 및 홍보물을 직접 제작해 보시오.

Chapter 8

동기유발

1. 동기유발이란?
2. 동기유발요인
3. 동기유발과정
4. 통　제

과제 및 토론

Causing Motive

Chapter 8 동기유발

SECTION 1 동기유발이란?

1. 동기유발이란?

동기유발(Motivation)은 조직구성원들의 마음을 움직여 조직목표를 자신의 목표 중 하나로 받아들여 그것을 이루기 위해 열심히 노력하게 만드는 과정이다.

동기는 사람이 갖고 있는 욕구나 충동을 활성화하여 어떤 행동을 유도하는 심리적 힘으로, 그것이 어떻게 유발되는지에 따라 한 사람이 기울이는 노력의 방향과 정도 그리고 지속성이 결정된다.

동기유발의 성격은 우선 노력의 정도에 따라 파악될 수 있는데, 동기가 강하게 유발되면 그에 따라 이루어지는 노력 정도도 높아지게 된다.

2. 동기유발에 영향을 주는 요인들

조직구성원들이 뚜렷한 목표의식을 갖고 열심히 그리고 지속적으로 노력하게 만드는 요인은 매우 다양하다. 다양한 요인들이 조직구성원들의 동기유발에 영향을 주는데, 개인·직무·조직의 특성과 관련된 세 가지 범주로 분류할 수 있다.

(1) 개인의 특성

개인이 갖고 있는 욕구, 태도, 흥미와 같은 특성들이 동기유발 정도에 영향을 준다. 동기유발은 사람이 갖고 있는 욕구를 충족시키는 과정이다. 자신, 조직, 일, 그리고 성과에 대한 태도는 구성원들의 동기유발에 많은 영향을 준다. 조직에 대해 강한 애착을 갖고 있다면 그렇지 않은 경우에 비해 조직목표를 향한 동기유발이 이루어질 가능성이 높다.

(2) 일의 특성

맡은 일의 속성에 따라 동기유발 정도가 달라진다. 충실하게 만들어진 직무는 그 담당자가 느끼는 의미감과 책임감을 높여 줌으로써 더 많은 노력을 지속적으로 기울이게 만든다.

(3) 업무환경의 특성

구성원들이 일을 하면서 접하게 되는 주변여건은 동기유발에 영향을 주는데, 그 중 함께 일하는 사람들이 중요한 역할을 한다.

조직은 보상정책이나 업적 기준의 설정을 통해 어떤 행동과 어느 정도의 업적이 높게 평가받고 보상받을 수 있는지를 결정함으로써 구성원들의 동기유발에 영향을 준다.

필요한 훈련 및 개발 프로그램이 적절히 제공되면 구성원들은 자신의 능력에 대한 자신감을 갖게 되어 결과적으로 높은 수준의 동기를 이끌어 낼 수 있다.

표 8-1 동기유발 요인들

내부요인	개인의 특성	• 욕구 • 태도 • 흥미
	일의 특성	• 다양성 • 재량권 • 피드백
외부요인	업무환경의 특성	• 함께 일하는 사람들 : 같은 부서원들, 상사, 부하 • 조직과 관련된 상황 : 보상정책과 체계, 훈련 및 개발, 업적기준

SECTION 2 동기유발요인

1. 욕구계층이론

사람들이 갖고 있는 여러 가지 욕구들을 체계적으로 분류하여 동기유발과 관계를 밝힌 욕구계층이론은 미국의 심리학자인 매슬로우(A. Maslow)에 의해 주장되었다. 매슬로우는 사람들이 갖고 있는 욕구를 5가지 단계의 계층적 구조로 설명하였다.

사람은 생리적 욕구, 안전·안정 욕구, 소속 욕구, 존경 욕구, 자아실현 욕구의 만족을 위해 동기유발되며 그런 욕구들은 중요도에 따라 계층을 형성한다.

매슬로우 이론에 따르면 사람들은 우선 충족되지 않은 욕구 중 가장 낮은 단계의 것을 충족시키기 위해 행동한다. 이렇게 우선 낮은 단계의 욕구를 충족시키려고 하며 그 욕구가 충족되고 나면 다음 단계의 욕구를 충족시키기 위해 행동하게 되는 과정은 가장 높은 단계에 있는 자아실현의 욕구가 충족될 때까지 계속된다.

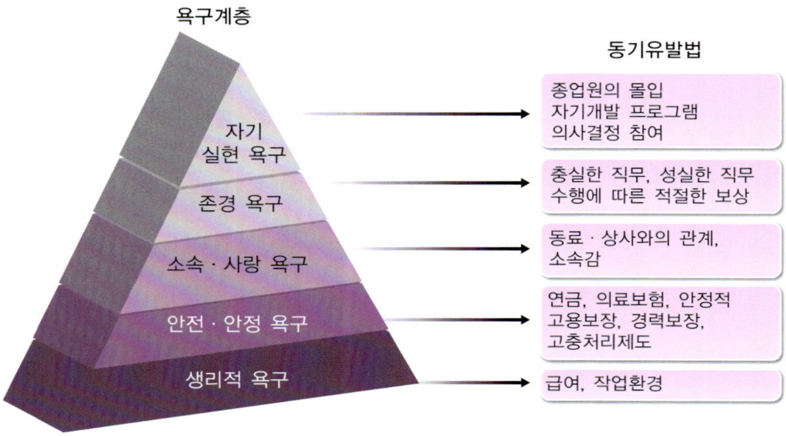

그림 8-1 매슬로우의 욕구계층이론

2. 두 요인이론

허즈버그(F. Herzberg)에 의해 주장된 두 요인이론도 구성원들이 일을 통해 얻으려고 하는 것들을 밝힘으로써 동기유발을 설명하고 있다. 두 요인이론은 직무만족을 높여 동기를 유발하는 동기요인과 직무불만족 정도를 낮추는 위생요인을 구분하여 동기유발을 설명한다.

성취감, 남으로부터의 인정, 내용이 알찬 직무, 책임감, 승진이나 성장과 같은 요인들이 일을 통해 느낄 수 있는 만족감과 동기유발 정도를 높이는 것으로 나타났다. 이런 요인들을 동기요인이라고 한다. 그 반면에 감독자, 작업조건, 인간관계, 임금, 고용안정성, 회사정책이나 경영방식 등과 같은 요인은 만족감이나 동기유발 정도를 높이기보다는 불만족감을 높이거나 동기유발을 낮추는 역할을 한다. 이런 요인들을 위생요인이라고 한다.

동기요인과 위생요인을 비교해 보면 동기요인은 주로 일 자체를 통해 충족될 수 있는 것들이고, 위생요인은 일과 관련된 여러 환경에서 발견할 수 있는 요인이다.

표 8-2 허즈버그의 두 요인

동기요인	위생요인
성취감 칭찬이나 인정받을 수 있는 기회 일 자체의 도전감 성장가능성 책임감 승진가능성	임금 안정적 고용 보장 감독자 작업조건 회사의 정책과 경영방식 인간관계

SECTION 3 동기유발과정

1. 기대이론

기대이론에 의하면 어떤 일을 위해 노력하는 정도는 그 사람이 그것을 얼마나 원하는지에 따라, 그리고 그것을 이르거나 얻을 수 있는 것이라고 확신하는 정도에 따라 달라진다.

사람들이 어떤 일에 대해 동기유발되는 정도는 그 일이 이루어지는 것을 얼마나 원하며 또 그 일을 실제 이루어낼 수 있을 것이라고 믿는 정도에 따라 달라진다.

기대이론은 결과, 수단성, 유인값, 기대값의 4가지 개념을 사용하여 동기유발과정을 설명한다(그림 8-2 참조).

기대이론의 적용은 구성원이 왜 평균 정도의 업적을 택하게 되었으며, 어떻게 하면 높은 업적을 위해 노력하도록 변화시킬 수 있는지 파악해야 한다.

우선 높은 업적이 갖는 유인값을 늘여야 한다. 구성원들의 가치관을 파악해 그들이 진정 무엇을 원하는지 잘 이해해야 한다. 그 다음으로 수단성을 높여야 한다. 노력해서 높은 성과를 내면 자신이 원하는 것을 얻을 수 있다고 굳게 믿도록 해주어야 한다.

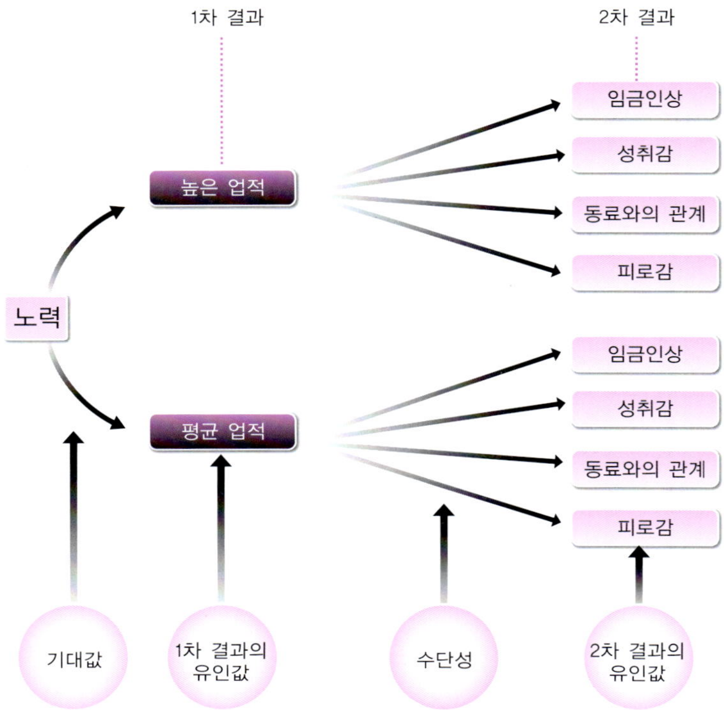

그림 8-2 기대이론 모형

마지막으로 노력하면 원하는 1차 결과를 이룰 수 있다는 확신이나 자신감을 심어줌으로써 기대값을 높여야 한다. 아무리 매력적으로 보이는 결과라도 이루는 것이 불가능하다면 그것을 위해 노력하지는 않을 것이다.

지속적인 교육과 훈련을 통해 맡겨진 업무를 잘 수행할 수 있다는 자신감을 심어 주어야 하며 적절한 생산설비와 작업절차도 마련되어야 한다. 이와 함께 업무를 처리하면서 부딪치는 여러 문제나 장애요인에 관심을 갖고 해결해 줌으로써 성과는 자신이 하기에 달려 있다는 생각을 갖도록 해야 한다.

구성원들의 근로의욕을 높이기 위해서는 노력하면 성과를 높일 수 있고 그에 적절한 보상이 이루어짐으로써 자신이 바라는 결과를 얻을 수 있다는 확신을 갖도록 해주어야 한다.

2. 형평이론(공정성 이론)

사람들은 공정하게 대우받기를 원하며, 공정한 대우를 이끌어 낼 수 있는 행동에 동기유발이 된다. 미국의 심리학자 아담스(Stacy Adams)에 의해 개발된 형평이론은 사람들은 자신의 노력 결과에 따라 주어지는 보상이 불공정하다고 느끼면 그런 불공정을 줄일 수 있는 행동 쪽으로 동기유발이 된다고 주장한다. 이는 정확하게 수량화되기 어렵고 주관적이어서 부정확할 때도 있다. 그렇지만 조직구성원들은 그런 비교를 자주 하며 비교 결과에 따라 동기유발 되는 정도가 달라진다.

이론의 적용은 구성원들에 대한 보상이 항상 형평의 원칙에 어긋나지 않도록 이루어져야 한다는 것이다. 비록 많은 보상이 이루어진다고 해도 그것이 공정하게 배분되지 않으면 구성원들의 동기를 유발시키기는 어렵다. 따라서 노력이나 성과에 따라 공정한 보상이 이루어지도록 노력해야 한다.

또한 구성원들은 자신의 투입과 산출 간의 비율을 비교하게 되는 대상이 어떻게 선택하는지에 대해서도 관심을 가지며, 기술수준이나 경험에서 차이가 나는 동료를 비교대상으로 삼는다면 불만을 갖게 되어 동기유발에 어려움을 갖게 된다. 따라서 구성원들이 적절한 비교대상을 찾을 수 있도록 관심을 가져야 한다.

3. 동기유발 기법

구성원들을 동기유발 시키기 위해 주로 사용되는 구체적 방법으로 경제적 보상, 직무충실화, 목표설정, 효과적 의사소통이 있다.

(1) 경제적 보상

매슬로우의 욕구계층이론에 따르면 경제적 보상은 생리적 욕구와 안전·안정에 대한 욕구를 충족시켜 주며, 기대이론에서는 업적에 따라 경제적 보상을 줌으로써 업적이 경제적 보상을 이끌어 내는 수단성을 높여 구성원들을 동기유발시킬 수 있다고 한다. 월급, 상여금, 복지 후생 등 경제적 보상은 구성원들을 동기유발 시키는 데 요긴하게 사용되어 왔다. 그 밖의 능률급제도와 성과급제도는 경영자들이 경제적 보상방법으로 많이 사용하고 있다.

(2) 직무충실화

경제적 보상을 통한 동기유발방법은 성과에 따라 차등 보상함으로써 경제적 욕구를 충족시켜 주면 구성원들이 보다 열심히 일할 것으로 기대한다. 그러나 그 외에 자신이 맡은 일이 자신의 적성에 맞아 보람과 재미를 느낄 수 있을 때에도 조직 구성원들은 열심히 일을 하게 된다. 따라서 단순하고 반복적인 일보다는 의미 있고 책임감을 느낄 수 있는 일이 구성원들을 동기유발 시킬 수 있으며, 이를 위해 직무충실화를 위한 기법들이 사용된다.

① **과업을 결합** : 여러 사람이 나누어 처리하던 과업을 한 사람에게 모두 맡기는 방법이다. 구성원들은 보다 다양한 기능을 발휘할 수 있고 한 제품의 생산과 시작에서 끝까지 자신이 책임지고 맡아 처리함으로써 일에 대한 책임감과 주인의식이 높아질 것이다.

② **외부고객과의 관계를 형성** : 구성원들에게 외부고객과 접촉할 수 있는 기회를 보다 많이 제공함으로써 동기를 유발하는 방법이다. 자신의 일처리가 고객에게 얼마나 중요한 영향을 주는지를 인식하고 업무처리 결과에 대해서도 적절한 정보를 받을 수 있어 보다 높은 의욕을 갖고 일하게 된다.

③ **내부고객과의 관계를 형성** : 구성원에게 자신의 업무처리 결과를 사용하는 조직 내 다른 구성원들과의 관계를 형성할 수 있는 기회를 제공함으로써 동기유발 정도를 높이려는 것이다. 자신의 역할이 다른 구성원에게 얼마나 중요한지를 깨달을 수 있을 뿐만 아니라 자신의 업무처리 결과에 대해서도 정확한 정보를 받을 수 있어 구성원들이 보다 높은 수준으로 동기유발이 될 수 있다.

④ **스스로가 결정할 수 있도록 허용** : 구성원 각자가 보다 많은 자율성이나 자신의 일에 대한 통제력을 갖게 함으로써 동기유발 정도를 높이는 방법이다. 자신의 업무처리 방식을 스스로 평가하여 보다 나은 방향으로 수정할 수 있는 재량권을 부여하면 상급자에 의해 검토되어 일방적으로 수정되는 경우에 비해 더욱 높은 의욕을 갖고 일하게 될 것이다.

⑤ **업무처리 결과에 대해 보다 직접적인 정보를 제공** : 자신의 업무처리 결과에 관해 보다 정확하고 직접적인 정보를 받을 수 있을 때 구성원들은 열의를 갖고 일하게 된다. 어떤 부분이 잘 처리되었고 어떤 부분에 보완이 필요한지를

정확히 알게 되면 구성원들은 의하는 결과를 얻기 위해 어떤 노력이 필요한지 알 수 있어 보다 강하게 동기유발이 된다.

(3) 목표설정

어떤 조직이든지 나름대로의 목표를 갖고 있으며 조직의 성과는 구성원 각자의 노력이 조직의 목표달성에 얼마나 기여했는지에 따라 달라진다.

경영자는 구성원 각자가 조직의 목표달성에 기여할 수 있는 명확한 업무목표를 갖도록 해 줌으로써 그들의 동기를 유발시켜야 한다. 따라서 목표의 구체성과 적정 수준의 난이도 및 수용가능성 있는 목표를 정해야 한다.

또한, 목표가 세워지면 구성원들은 그 목표를 달성하기 위해 동기유발이 될 수 있는데 목표달성과정에서 항상 적절한 피드백, 즉 노력의 결과에 대한 정보가 제공될 수 있도록 해야 한다. 이런 정보가 제공되어야 구성원이 자신의 목표달성 정도와 목표 간의 차이를 발견할 수 있으며, 만약 목표달성 정도가 낮으면 이를 극복하기 위해 보다 많은 노력을 기울이게 된다.

(4) 경영자의 효과적 의사소통

원활한 의사소통은 부하들을 동기유발 시키는 데 기초적 역할을 한다.

구성원들은 경영자와의 의사소통을 통해 인정, 소속감, 안정 등과 같은 욕구를 충족시킬 수 있다. 경영자는 조직을 대리하는 역할을 하기 때문에 그와 같은 관계 형성에 핵심적인 역할을 한다. 경영자가 구성원들의 마음을 읽고 이해하며 서로의 뜻을 여과 없이 주고받을 수 있다면 조직원들의 마음을 움직여 조직의 목표 달성에 기여할 수 있도록 동기를 유발할 수 있다.

SECTION 4 통 제 (Control Regulation)

1. 통제의 의미

(1) 통제 개념

경영자가 책임져야 할 일이 바람직한 상태로 진행되고 있는지를 확인하고 필요한 시정조치를 취해 나감으로써 목표를 달성하려는 과정을 말한다.

통제는 해야 할 일이 제때에 올바른 방법으로 이루어지도록 확실하게 만드는 경영자 업무의 하나이다.

(2) 통제기능의 필요성

① 변화에 대한 신속한 대응

② 업무개선

③ 분권화 : 부하직원에게 권한을 위임하려면 감독할 수 있는 장치가 필요하다. 권한을 위임해도 최종적인 책임은 경영자가 져야 하기 때문이다.

(3) 통제와 다른 경영기능의 불가분성

경영자가 계획을 수립하고 조직을 만들고 지휘를 해 나가는 일을 빈틈없이 수행해 나가는 것 자체가 어느 정도의 통제행위라고 할 수 있다. 경영자는 계획 수립을 통해 목표를 분명히 해 줌으로써 자원을 집중할 수 있고 사후에 평가를 위한 기준을 제시해 준다.

예산이나 프로젝트 스케줄처럼 구체적으로 제시된 운영계획은 통제수단이기도 하다. 조직 만들기도 마찬가지이다. 업무를 적절하게 나누고 적재적소에 필요한 인원을 배치함으로써 성과를 보장받게 한다.

지휘기능을 통해서도 통제가 이루어지는데 경영자가 스스로 모범을 보임으로써 행동규범을 제시하고 헌신적인 노력을 유도하면 더 높은 성과를 낼 수 있기 때문이다.

2. 통제 과정

(1) 현황파악

현황에 대한 구체적인 정보를 입수하는 일이다. 가장 구체적인 정보는 숫자로 표시되기 때문에 통제를 엄격하게 실시하기 위해서는 상황을 숫자로 측정하는 시스템을 갖추어야 한다.

여러 가지 현황파악방법이 제각기 장·단점을 갖기 때문에 경영자는 한 가지 방법에만 의존하지 말고 통제 대상에 맞는 방법을 다양하게 활용해야 한다.

(2) 평 가

현황을 측정한 다음에는 바람직한 상태 혹은 계획과 비교해서 그 차이점이 용인될 수 있는 범위인가를 평가해야 한다. 목표와 실적 간의 용인 한도에 대한 상한선과 하한선을 설정한다.

(3) 시정조치

목표치와 실적치 간의 차이를 줄이기 위한 대책을 마련하고 실천에 옮기는데, 차이가 발생한 때에는 업무 수행과 관련되는 시스템이 잘못된 것인지, 담당자에 대한 보상제도가 불충분한 것인지, 급작스러운 환경변화 때문인지 혹은 목표로 제시한 수준이 지나치게 비현실적인 것인지를 다양한 관점에서 검토를 해 보고 적절한 대책을 마련하여야 한다.

3. 통제시스템 구축

(1) 사전, 동시, 사후통제

통제기능은 업무가 수행되는 과정의 어떤 시점에서 발생하느냐에 따라 사전, 동시, 사후통제로 나눌 수 있다.

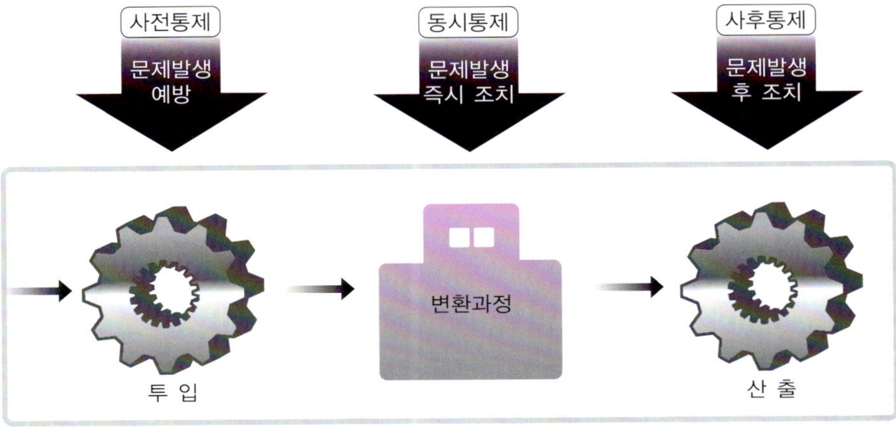

그림 8-3 통제시기에 따른 유형 분석

① **사전통제** : 일을 하기 전에 준비상황을 점검하고 재료나 직원들의 교육 상태를 점검해서 문제를 사전에 예방하려고 한다.

② **동시통제** : 일을 해 나가는 도중에 실시하는 행위이다. 품질관리를 위해 작업 중에 따라야 할 매뉴얼을 만들고 현장에서 감독과 지도를 하는 것을 말한다.

③ **사후통제** : 일이 끝난 후 성과를 측정해서 목표치와 비교한 후 미래에 더 나은 성과를 내기 위한 행위이다. 사후통제가 없는 경영은 계획 없는 경영과 마찬가지로 성과 달성에 대한 의지와 책임감을 떨어뜨린다.

(2) 자율적 통제와 타율적 통제

① **자율적 통제** : 직원들이 목표 달성을 위해서 자발적으로 최선을 다하는 공동체 분위기를 만들어 통제가 되도록 한다. 자율적 통제를 실시하는 조직에서는 근무규정도 단순하고 출근시간이나 사원들의 복장도 자유스럽다.

② **타율적 통제** : 제도나 규칙에 의존하려는 관료주의적인 발상으로서 직원들은 상사로부터 지시를 받아야 하는 경우가 많고 많은 업무처리가 정해진 규정과 절차에 따라야 한다. 성과를 크게 내고 있는 기업들은 자율적·타율적 통제를 병행하는 것이 일반적이다.

(3) 효과적인 통제시스템

① 제공하는 정보가 정확하다.
② 시기에 맞는 정보가 제공된다.
③ 경제적이다.
④ 유연하다.
⑤ 이해하기 쉽다.
⑥ 합리적인 기준을 제시한다.
⑦ 중요한 업무에 치중한다.
⑧ 예외적인 사항이 바로 눈에 띄게 한다.
⑨ 여러 가지 기준을 갖는다.
⑩ 시정조치를 제시한다.

(4) 통제시스템 구축과 관련된 상황 요인

통제시스템 구축에서 조직규모, 경영자 계층, 분권화 정도, 조직문화, 업무의 중요성은 상황요인으로 작용된다.

(5) 통제기능의 역작용

통제시스템이 잘 되어 있다 하더라도 지나치게 경직되어 운영되면 바람직하지 못한 현상이 나타나게 된다. 업무의 궁극적인 목적은 잊은 채 통제를 위한 통제에 매달리는 경우가 생긴다. 또 성과를 측정하는 기준이 불충분할 때도 바람직하지 못한 현상이 벌어진다. 따라서 통제의 경우는 양적인 기준뿐만 아니라 질적인 부분까지 합리적인 판단을 내려야 한다.

과제 및 토론

1. 직원으로서 뷰티살롱에 근무 시 동기유발을 위해 필요하다고 생각되는 보상 제도에 대하여 제시하여 보시오.

2. 미용 산업의 경영자로서 직원들을 위하여 동기유발을 위해 제시할 수 있는 합리적 방안에 대하여 다른 서비스 기업 및 일반 기업의 예를 검토한 후 구체적 동기유발 제도를 제시해 보시오.

3. 통제와 동기유발 중 선택의 기로에서 어떤 방안으로 합리적 경영을 진행할지 그룹별 토의를 간략히 한 후 토의 내용을 정리하여 발표하여 보시오.

Service Industry & Cosmetic Business

Chapter 9

서비스산업과 미용산업의 이해

1. 서비스산업의 필요성
2. 서비스와 서비스산업의 분류
3. 서비스 품질의 이해
4. 서비스 가치

과제 및 토론

Chapter 9 서비스산업과 미용산업의 이해

SECTION 1 서비스산업의 필요성

서비스산업은 자금과 기술만으로 바로 사업을 시작할 수는 없다. 자금·기술과 함께 그 사업을 같이 진행해 줄 좋은 인력이 갖추어져 있어야만 성공할 수 있는 것이 서비스산업이다.

그러나 이 세 가지 자원을 모두 가지고 있다고 하여도 이것을 잘 이용할 줄 모르면 성공하기는 어렵다. 예를 들어 뷰티 살롱에 근무하고 있는 많은 직원들이 각자의 업무를 제대로 파악하지 못하고 자신의 일처럼 정성을 들여 성실하게 일을 할 수 있는 여건을 경영주가 만들지 못한다면 그 뷰티 살롱은 번창할 수 없을 것이다.

경영이란 돈, 사람, 시간과 같은 값진 자원이 투입되는 일을 시도할 때 그 결과에 책임을 져야 할 사람이 성과를 높이기 위해 계획을 수립하고 조직을 짜고 지휘와 통제를 반복해 나가는 일련의 활동과정을 이야기한다. 이런 과정을 원만하게 수행하면 무작정 일을 할 때보다 훨씬 더 큰 성과를 얻을 수 있게 된다.

경영 활동이 성과를 높일 수 있는 이유는 계획 수립, 조직 짜기, 지휘, 통제와 같은 경영 과정의 각 기능 하나하나가 가치를 창출할 수 있기 때문이다. 여기서 말하는 가치란 예컨대 뷰티살롱의 원장이 살롱 매니저와 경력 및 초보관리사를 잘 지휘하고 통제해서 기존 고객보다 20% 더 많이 오게 했을 때의 효과와 같은 것이다. 그래서 경영이 잘 되는 조직은 영리, 비영리를 불문하고 투입된 비용보다 훨씬 더 큰 가치를 생산하며 발전할 수 있다.

경기 불황 속에서도 꾸준한 성장을 지속하는 뷰티 살롱이나, 경쟁업체가 많은 불리한 여건 속에서도 활동을 넓혀 가고 있는 에스테틱 살롱들은 바로 경영을 통해 가치를 높이고 있는 사례들이다.

SECTION 2 서비스와 서비스산업의 분류

서비스의 어원은 라틴어의 'servus'에서 유래가 되었으며 '노예'라는 뜻으로 "남을 위해 대가를 바라지 않고 봉사한다"로 정의할 수 있다.

과거에는 대가를 바라지 않고 남을 위한 봉사의 의미로 서비스를 했지만 오늘날에 있어서 서비스는 무형의 가치로 무조건적이고 일방적인 봉사보다는 고객이 제공 받는 서비스에 대한 대가를 지불하는 의미가 커지면서 모든 산업 영역에서 중심축의 역할을 수행하는 서비스산업을 지칭하는 의미로 확대해석되고 있다.

서비스산업이란 서비스의 생산과 판매를 목적으로 하는 업종들을 아우르는 용어이다. 이 용어는 '혹스(V.R. Fuchs)'가 산업을 재화산업과 서비스산업으로 구분한 이후 보편적으로 사용되기 시작했다.

클라크(C. Clark)는 산업을 1차 산업, 2차 산업, 3차 산업으로 나누고 그 중 서비스산업을 3차 산업으로 분류하여 정의하였다.

서비스산업을 분류하는 방법은 분류기준에 따라 아주 다양하다. 사실 서비스의 정의와 서비스에 대한 분류기준이 다양하고 서비스와 제품의 경계 또한 분명하지 않기 때문에 서비스산업에 대한 정의와 분류방식이 학자들의 관점과 시기 및 국가 또는 자국 산업의 특성에 따라 달라지는 건 불가피한 현상이다.

일반적으로 서비스는 한 가지가 아니라 여러 가지 성격의 서비스들이 결합된 형태로 제공되며 기준에 따라 다양한 방법으로 분류할 수 있다.

1. 기본유형에 따른 분류

(1) 봉사 서비스

봉사 서비스란 봉사 정신에 입각하여 이익실현의 유무를 불문하고 상대방에게 도움을 주는 서비스 유형이다. 봉사 서비스는 서비스 제공의 결과로 수익이 발생하든, 서비스 제공을 통한 그 자체로 만족을 얻든 간에 그로 인해 발생하는 수익이 중요한 것은 아니다.

그러나 봉사 정신으로 포장하여 이익 창출을 위해 상대방을 속여 기만할 수도 있고, 상대적으로 서비스 내용이 부실할 수도 있다는 단점이 있다.

(2) 태도 서비스

접객을 중심으로 이루어지는 서비스 분야에서 매우 중요한 기능을 하는 서비스 유형이다. 표정과 말투, 옷차림이나 메이크업, 고객을 접대하는 행동 등, 서비스 제공자의 태도에 따라 동일한 상품과 서비스에 대해 소비자가 얻는 만족도가 달라질 수 있다. 이처럼 서비스 제공자의 태도가 만족도를 결정하는 서비스를 태도 서비스라고 한다.

(3) 업무 및 기능 서비스

업무 및 기능 서비스는 서비스 자체가 하나의 사업 상품으로서 그 경제적 가치 때문에 교환의 대상이 되는 서비스이다. 예를 들어 뷰티 살롱에 화장품을 전달해 주고 교육해 주는 영업 교육 사원은 화장품을 전달하고 사용방법을 교육해 주는 업무에 대한 대가로 월급을 받는 서비스이다.

업무 및 기능 서비스는 유형의 상품과 달리 행위가 끝나면 아무것도 남지 않지만 유형재와 동등하게 전문화된 영역을 차지하고 있다. 택배 및 퀵 서비스, 기술 서비스, 정보 서비스, 의료 서비스, 공공 서비스 등이 업무 및 기능 서비스에 해당한다.

(4) 희생 서비스

희생 서비스는 겉으로 보면 소비자에게 유리한 공급자의 봉사 행위로 보이지만 실제로는 공급자의 이익을 전제로 어쩔 수 없이 행하는 서비스이기 때문에 희생 서비스라고 한다. 예를 들어 화장품 판매 매장에서 매출 향상을 위해서가 아니라 유통기한이 얼마 남지 않은 화장품이나 철 지난 계절상품의 재고정리 등을 이유로 상품의 가격을 인하하는 경우가 여기에 속한다.

2. 서비스 형태에 따른 분류

(1) 기능 서비스

기능 측면의 편익을 제공하는 서비스로 전화, 전기, 가스 등의 공공 서비스가 대표적인 사례이다.

사람들이 원하는 장소로 이동하기 위하여 사용하는 것이 교통 서비스이고, 인터넷 등을 통하여 정보를 수집하고 배포하고 공유하는 것들이 정보 서비스이다. 또한 상품을 모아 운송하고 보관·분배하는 등의 업무를 담당하는 것은 유통 서비스, 근무지나 여행지 등에서 사람들에게 편안한 휴식과 편익을 제공하는 숙박 서비스 등이 기능 서비스에 속한다.

(2) 정서 서비스

접객을 중심으로 이루어지는 서비스업에서 중점적으로 제공하는 서비스로서 정서 측면의 편익 서비스를 말한다.

정서 서비스에서 가장 중요한 요소는 서비스를 제공하는 사람의 태도나 표정 및 몸짓이나 표현 등이다.

(3) 기능 및 정서 서비스

기능 측면의 편익과 정서 측면의 편익이 섞여서 동시에 제공되는 서비스를 말한다. 대표적인 업종으로 뷰티업종을 들 수 있다. 일반적으로 이용자가 불특정 다수이며 일상적인 이용 빈도가 높고 제공자와 소비자의 접촉 시간이 짧은 뷰티 서비스 업종의 경우 기능 서비스의 비중이 크다.

3. 서비스의 행위 시점에 따른 분류

(1) 사전 서비스

뷰티업종의 경우 살롱을 찾기 전에 제공되는 서비스로서 살롱광고나 예약 및 건물 내 주차 서비스 등이 여기에 해당된다.

1) 예약 서비스

뷰티 서비스 업종에서 예약은 매우 중요한 의미를 갖는다. 예약사항을 확인하면 고객이 집중되는 시간을 확인하고 직원들의 효과적인 배치 계획 등을 세울 수 있다. 예약 확보율을 높이기 위한 방안으로는, 예약을 권하는 전화·팩스·문자 서비스·메일·광고·홈페이지·회원제 활용·한 번 예약을 이용한 고객의 구두 예약·사전 예약자 할인 제도 도입 등이 있다.

2) 사전 서비스 업무

① **사전준비 업무** : 고객의 예약을 확인하고 관리 권장 프로그램이나 화장품 판매 계획을 수립하는 업무이다.

② **상담 업무** : 고객과 만나 이루어지는 업무로서 가령 고객의 피부타입을 체크하고 고객이 원하는 프로그램이 무엇인지 들은 후, 전문가로서 고객에게 올바른 관리방법을 조언한다.

③ **제안 업무** : 고객의 적절한 선택을 위해 살롱 프로그램 메뉴판을 제시하고 가격과 관리 기간을 안내한 후 고객의 의사결정을 촉진한다.

(2) 현장 서비스

고객 관리 및 판매 도중에 제공되는 서비스로 서비스 제공자와 고객 사이에 직접 거래가 이루어지는 서비스의 핵심 부분이며 본질 부분이라고 할 수 있다.

서비스는 고객과 제공자의 상호거래에 의해 진행된다. 고객이 원하는 프로그램을 적절한 테크닉과 서비스를 이용하여 제공하는 과정이다.

(3) 사후 서비스

관리나 판매가 완료된 후, 곧 현장 서비스가 종료된 시점 이후의 유지 서비스로, 고정고객·단골고객·잠재고객의 확보 차원에서 매우 중요한 과정이다. 서비스의 만족도와 불만사항 등을 체크하여 다음 관리에 활용할 수 있는 자료를 수집할 수 있고 다음 예약을 유도하여 고정고객이나 단골고객으로 유도하는 중요한 과정이다.

표 9-1 사전 서비스와 사후 서비스의 장단점

구분	장 점	단 점
사전 서비스	• 1일 방문고객의 예측이 가능하다. • 고객이 요구하는 프로그램이나 서비스를 미리 파악할 수 있다. • 수요창조가 가능하다.	• 고객이 강매하는 느낌을 받을 수 있다. • 고객이 심리적 부담을 느낄 수 있다.
사후 서비스	• 뷰티살롱의 긍정적 이미지를 가지고 온다. • 클레임을 미연에 방지할 수 있다. • 사용 후기(앙케이트)를 활용할 수 있다.	• 고객 지원에 추가적 비용이 소요된다. • 신규고객의 개척이 미진하다. • 고정고객으로의 유도가 불확실하다.

SECTION 3 서비스 품질의 이해

1. 뷰티 서비스의 특성

뷰티 살롱에서 제공되는 서비스는 고객의 머리와 손톱 및 피부를 고객이 원하는 대로 또는 고객에게 어울리는 스타일로 바꾸고 꾸며주어 최대 만족을 이끌어 내는 과정이 진행된다. 따라서 이 과정에는 화장품과 미용기기뿐만 아니라 기술과 서비스가 반드시 포함되고, 서비스 업종에 속하는 가장 중요한 요소인 심미적·주관적 특성 때문에 서비스의 역할이 크게 작용한다.

뷰티 서비스는 무형성과 동시성 등 서비스의 일반적 속성뿐만 아니라 고객의 참여 및 접촉도가 높은 업종이라는 서비스의 특수성이 강하기 때문에 유형의 재화를 다루는 업종이나 접촉도가 약한 서비스 업종과는 달리 서비스관리 체계에 대한 보다 큰 관심을 요구한다.

뷰티 서비스는 유형의 화장품과 무형의 서비스가 결합한 분야이다. 예를 들어 피부미용은 고객이 가지고 있는 문제성 피부를 개선하기 위해 피부타입에 맞는 화장품과 미용기기, 그리고 다양한 기술을 결합하여 시술하는 과정과 결과를 말한다.

뷰티 서비스를 정의하자면 고객이 요구하는 주관적·심리적 효용의 만족이나 편익을 제공하는 활동이고, 서비스의 기본 특성인 무형성과 동시성을 가지고 고객과 서비스 제공자, 서비스 시스템의 상호 작용이 강하게 나타나는 분야이다.

따라서 서비스 창출 과정에 고객이 반드시 참여하여야 하고, 서비스 제공자나 고객의 상황에 따라 같은 서비스라도 서비스 품질이 유지되지 못하는 경우도 발생한다.

뷰티 서비스업처럼 무형의 요소가 특성인 업종에서는 고객이 처해 있는 상황을 충분히 이해하고 반영해야 한다. 왜냐하면 뷰티 서비스의 본질적인 속성 때문에 다른 업종들처럼 데이터에 의한 정확하고 객관적인 평가를 내리기가 상당히 어렵고 서비스를 제공받는 고객의 주관적 판단에 의해 평가를 받아야 하기 때문이다. 뷰티 서비스는 고객이 서비스를 제공받기 전 서비스에 대한 기대와 실제로 뷰티 서비스를 제공받으면서 느낀 만족도를 비교하여 서비스 품질을 판단하게 된다. 실제로 제공받는 뷰티 서비스에 대해 고객이 느끼는 정도가 기대했던 정도에 미치지 못하면 서비스 품질이 떨어지는 것이고 결국 고객이 불만을 느끼게 된다.

고객이 서비스 품질을 평가하는 데 사용되는 서비스 항목으로는 유형성과 신뢰감, 대응력, 공감도, 확신성을 들 수 있다. 유형성은 물리적 시설과 기자재·화장품·직원처럼 눈에 보이는 것이고, 신뢰감은 고객과 상담 시에 약속한 서비스를 정확하게 수행해 믿음을 주는 정도를 말하며 대응력은 신속한 서비스 수행에 필요한 전문적 지식을 가지고 있는지를 뜻한다. 확신성은 전문적 기술과 지식·직업에 대한 애정·위생적이고 안전한 상태를 유지함으로써 고객에게 확신을 부여하는 것이며, 공감도는 고객과 서비스 제공자의 접촉·대화·상호 이해 정도를 가리킨다.

2. 뷰티 미용 서비스의 변천사

(1) 미용기술 우선 시대(수요 > 공급)

1990년 이전 시기는 수요가 공급을 초과하여 뷰티살롱을 열기만 하면 어느 정도 고객을 확보할 수 있던 시기였다. 따라서 그 당시 뷰티 살롱을 운영하던 많은 업주들은 성공 비결의 1순위로 기술을 꼽았으며, 그 기술도 정형화되고 체계적인 미용 기술이라기보다는 미용인의 개인적인 능력과 관련된 기술이었다.

(2) 뷰티살롱 영업 우선 시대(수요 < 공급)

1990년대 10여 년의 기간 동안은 체계적인 뷰티 교육이 활성화되어 전문적인 교육을 받은 뷰티 종사자가 양산되고 뷰티 살롱 경영에 유리한 환경이 조성되어 공급이 수요를 초과한 시대로 소비자의 선택권이 넓어지게 되었다. 따라서 이 시기의 뷰티 살롱 경영자들은 독창적인 광고와 판촉 및 다양한 홍보 활동을 통한 고객 확보에 주력하게 되었다.

(3) 무한경쟁 시대

2000년대에 들어서면서 뷰티 살롱의 수는 급격히 증가하여 일부의 뷰티 업종은 포화 상태에 이르게 되었다. 이제는 고객이 뷰티 살롱을 자유롭게 선택하게 됨으로써, 고객의 눈길을 끄는 마케팅 전략이 가장 중요한 뷰티 살롱의 경영 수단이 되었으며 고객이 무엇을 원하는지 파악하고, 파악한 고객의 욕구에 부응하는 화장품이나 기자재 및 테크닉, 그리고 서비스를 제공해야만 성공할 수 있는 시대가 되었다.

21세기는 모든 업종을 막론하고 고객 만족이 성공적인 경영의 핵심이 되는 시대가 되었다. 특히 이러한 경향은 고객과 접촉 빈도가 높은 뷰티 분야에서 더욱 더 두드러지게 나타나고 있다.

무한 경쟁의 시장 환경 속에서 생존하기 위한 핵심 전략이 고객만족, 고객 감동, 고객 지향이고 이게 바로 성공적인 뷰티 살롱을 이끌어가기 위한 21세기 뷰티 서비스의 핵심이라고 할 수 있다.

뷰티 서비스 산업의 다양한 고객의 요구에 반응하는 방향은 크게 3가지로 정리할 수 있다.

① **고객 서비스에 대한 인식 변화** 2000년 이후 전반적 미용 수요의 증가와 뷰티산업의 발전으로 뷰티 분야의 장래는 그 어느 때보다 밝아졌다. 다양한 뷰티 제품과 기술의 향상이 두드러지면서 현재 우리나라는 뷰티 선진국들과 어깨를 나란히 할 정도에 이르렀다. 하지만 이러한 발전의 토대가 된 뷰티 종사자와 뷰티 살롱의 현저한 증가로 인하여 현재 일부 미용 시장 자체가 포화 상태에 이르렀으며 동종업계 간 경쟁 과열 증상이 나타나고 있다. 이러한 상황에서 피부미용의 경우 기존의 화장품과 기술 위주의 경영으로는 경쟁에서

살아남기 어려우므로 고객 서비스가 경쟁에서 우위를 차지하는 데 필요한 핵심 요소로 부각된다.

② **서비스 품질관리의 강화 경향** : 기존 기업들이 제품에만 열중하였던 품질관리기법들을 서비스 상품에도 적용하여 효과를 얻게 됨에 따라, 뷰티산업 분야도 서비스 품질 관리를 주요 관심 대상으로 삼게 되었다.

③ **서비스 만족도 측정과 불만 처리** : 서비스는 형태를 띠지 않고 생산과 동시에 서비스가 이루어졌다가 사라지는 특성뿐만 아니라 서비스를 받는 고객의 가치 판단이 작용한다는 문제점 때문에 고객의 서비스 만족도를 정확하게 측정하기가 쉽지 않다. 특히 뷰티 서비스는 서비스 제공자와 고객의 접촉도가 매우 높기 때문에 서비스 범위와 품질에 대한 객관적인 기준을 정하기가 더욱 어렵다. 게다가 서비스에 대한 만족도가 고객의 주관적인 판단에 의해 바로 드러나기 때문에 고객의 영향력을 고려한 대처 방안을 찾을 수밖에 없다. 불만 처리가 제대로 이루어지지 않는 경우 경영에 심각한 부담을 줄 수 있기 때문에 최근에는 고객의 불만 처리에 대한 관심도 크게 늘어나는 경향이 있다.

SECTION 4 서비스 가치

경제 성장과 기술 발전을 이룬 현대 한국 사회는 생활 패턴과 문화 및 경제 활동 면에서 선진 사회의 양상을 띠기 시작했다. 다양하고 복잡한 구조를 가진 선진 국가의 구성원들은 소비활동 면에서도 물리적 측면보다 편익을 중시하는 경향이 나타나고 있다.

상담 판매에 서비스가 부가되면 될수록 상품 자체의 가치가 상승할 정도로 서비스의 효용가치가 높은 시대를 맞이한 것이다. 기업들은 사회적·경제적 환경의 변화 속에서 서비스가 기업의 생존에 필수적인 존재임을 확인하고 서비스 부문에 관심과 투자를 집중시키게 되었다.

고객의 소비 성향 분석에 바탕을 든 서비스 개념을 확립하고, 서비스의 가치를 충분히 활용하여 구체적인 서비스 마케팅 전략을 수립하는, 그래서 변화하는 시장에 적절하게 대응하는 기업만이 경쟁에서 승리할 것이다.

또한 국제화 시대로 접어들면서 서비스의 중요성은 더욱 커지고 있다. 통신과 운송 분야의 발전 덕분에 세계 각국이 국가 경계를 넘어 경제적·문화적 교류를 확대하고 있으며, 글로벌 시대의 무한경쟁체제를 맞이하여 각 나라들은 자국의 이익을 최대한 확보하기 위한 전략을 세우고 있다. 점점 더 비중이 커지는 서비스 부문의 국가 간 협조와 경쟁도 심화되어 국가 간의 서비스 편차도 서서히 줄어들고 있는 실정이다.

과제 및 토론

1. 서비스에 대한 기본 내용을 정리하고, 뷰티산업에서 서비스가 필요한 까닭을 토론해 봅시다.

2. 우리나라 뷰티산업의 변천사를 알아보고, 현재 뷰티산업의 특징을 정리하시오.

3. 자신이 자주 가는 뷰티살롱(피부, 헤어, 네일, 메이크업)을 방문하고 서비스에 대한 평가지를 작성해 보시오.

Customer Relationship Management & Customer Counseling

Chapter 10

고객관리와 고객상담

1. 고객관리
2. 고객만족 서비스
3. 고객상담

과제 및 토론

Chapter 10 고객관리와 고객상담

SECTION 1 고객관리

1. 고객의 정의

고객은 '상점에 물건을 사러 오는 손님' 이라는 뜻과 '단골로 오는 손님' 이라는 뜻을 가지고 있고 영어로는 '게스트(Guest)', '커스토머(Customer)', '컨슈머(Consumer)' 라고 한다.

'게스트(Guest)' 는 주인의 상대 개념으로 '초대받은 손님', '정중하게 대접해야 하는 손님' 이라는 뜻을 가지고 있어 최근에는 방송 용어로 많이 사용되고 있다. '커스토머(Customer)' 는 '단골 손님', '고정 고객' 이라는 의미가 있으며, '컨슈머(Consumer)' 는 '소비자' 를 뜻하는 말이다.

이 중 뷰티 살롱을 찾는 고객은 '커스토머(Customer)' 와 가장 가까운 의미로 해석한다.

2. 고객의 분류

(1) 공간적 개념에 따른 분류

① 내부고객

뷰티 살롱에 근무하는 상하 관계에 있는 모든 사람, 즉 상사·동료·부하직원 등을 말하며, 기능상으로 뷰티 살롱의 디렉터·매니저·디자이너·테라피스트·스태프 등 모든 직원을 가리킨다.

② 중간(매개)고객

내부고객과 외부고객 사이에서 머개 역할을 하는 협력업체 관계자를 가리킨다. 뷰티 살롱의 경우 화장품이나 기계를 납품하는 회사의 영업 교육부 직원, 기타 물품을 납품하는 업체의 대표자나 직원들이 여기에 속한다.

③ 외부고객

뷰티 살롱을 찾아와 화장품이나 테크닉 및 서비스를 이용하거나 또는 이용할 예정인 고객을 가리키며 가장 대표적인 고객의 형태이다.

(2) 고객 성향에 따른 분류

① 경제적 고객

고객 자신이 뷰티 살롱에 투자한 돈이나 시간 및 노력 등에 대비하여 최대의 효과를 얻으려는 고객을 가리킨다.

② 윤리적 고객

서비스를 제공하는 뷰티 살롱의 윤리적인 행동에 비중을 크게 두어 신뢰적이고 윤리적인 살롱을 선호하는 고객을 가리킨다.

③ 개인적 고객

뷰티 살롱에서 제공되는 테크닉이나 서비스가 누구에게나 똑같은 살롱보다는 본인 자신에게 맞는 맞춤식의 서비스를 선호하는 고객을 가리킨다.

④ 편의적 고객

다른 요인들보다 편의성을 중시 여기는 고객으로 이런 고객의 경우 편의성이 충족되면 추가 비용을 아까워하지 않는 부류이다. 여성들의 경우 교통의 편리성이나 주차 서비스 등이 뷰티 살롱을 선택하는 데 중요한 편의적 요소로 작용할 수 있다.

3. 고객관리

(1) 고객관리의 개념

고객관리란 뷰티 살롱을 찾는 고객에게 지속적인 만족감을 주고 양적·질적으로 충실함으로써 안정적 매출 기반을 조성하여, 성장하는 뷰티 살롱으로 변신하기 위한 영업활동의 한 방법이다.

(2) 고객관리의 포인트

① 고객의 정보를 수집하고 파악하여 고객이 원하는 프로그램과 상품을 정확히 인지하는 것이 중요하다.

② 고객 관리는 뷰티 살롱의 책임자만이 하는 것이 아니라 디렉터, 매니저, 디자이너, 스태프, 아르바이트 등의 직급과는 상관없이 살롱에 근무하는 모든 사람이 함께 하여야만 올바르고 만족스러운 고객관리를 할 수 있다.

③ 뷰티 살롱에서 제공되는 프로그램을 제안할 때는 돈을 내는 고객의 욕구에 맞는 프로그램을 제안하여야 확보된 고정고객의 관리 및 신규고객의 확보가 가능하다.

④ 매달 고정고객의 경우 약 30% 정도는 살롱의 불만족이나 고객 개인의 이유로 자연 감소하기 때문에 기존고객의 불만을 최소화하고 신규고객을 새롭게 개척하여 30% 이상의 새로운 고객을 확보하여야 지속적으로 고객을 증가시킬 수 있다.

(3) 고객관리의 필요성

① 올바른 고객관리를 통하여 신규고객을 증가시켜 고정고객으로 전환하여 확보한다.

② 현재 뷰티 살롱에서 제공하고 있는 프로그램이나 서비스 및 화장품 등의 판매를 증가시킨다.

③ 고정고객 확보로 광고나 판촉비 등을 줄여 유동지출을 줄일 수 있다.

④ 고객관리에 만족한 고객들의 구전 홍보 효과를 확산시켜 살롱의 이미지를 향상시킨다.

⑤ 살롱의 매출과 이익을 증가시킬 수 있다.

⑥ 뷰티 살롱 내의 내부고객인 직원들의 관리에도 긍정적 효과를 미친다.

SECTION 2 고객만족 서비스

1. 고객만족

고객만족이란 뷰티 살롱에서 제공되는 다양한 서비스가 고객의 요구와 기대에 최대한 만족하도록 고객의 기대치보다 큰 성과를 내는 것을 이야기한다.

뷰티 살롱을 운영하는 모든 경영자는 이윤추구를 목적으로 살롱을 경영하지만 이윤은 결국 살롱을 찾는 고객을 확보하고 살롱을 이용하는 고객의 만족을 통하여 얻는 이윤을 의미한다. 서비스를 제공받는 고객이 만족하게 되면 이것은 반복적인 재구매로 이어지면서 매출이 증가하는 반사적 이익을 창출하지만, 고객을 만족시키지 못하면 자연스럽게 매출이 감소하면서 아무리 좋은 프로그램과 화장품을 이용한 최상의 서비스를 제공한다고 하여도 경영을 지속하기 어려워지게 된다. 결국 고객만족 서비스는 요즘처럼 포화 상태인 뷰티 시장에서 경쟁력을 강화하는 최상의 수단이라고 할 수 있다.

고객이 원하는 바를 정확히 파악하고 고객의 기대에 어긋나지 않는 최상의 기술과 서비스를 제공함으로써 고객을 만족시키고, 믿음을 갖게 된 고객의 재방문·재이용·재구매가 이루어짐으로써 이에 따른 수익증대와 기술 및 서비스 향상으로 선순환 구조가 확보될 때 성공적인 살롱경영이 가능하다.

또한 뷰티 살롱의 고객 만족의 핵심은 내부고객인 직원이라고 할 수 있다. '불만이 있는 직원들은 테러리스트들과 같다' 라는 말이 있듯이 다른 모든 부분에서 만족한 고객일지라도 한 명의 직원이 사소한 실수나 잘못을 하면 전체의 고객만족도는 떨어질 수밖에 없다. 그러므로 뷰티 살롱을 경영하는 경영자는 내부고객인 직원들에게 최선을 다하여 그들을 만족시켜야만 한다. 그러면 사랑받고 인정받는 직원들은 고객들에게 진심으로 최선을 다하여 고객 관리를 하게 되고 이것은 고객만족으로 직결되어 살롱의 매출을 증가시키는 데 결정적인 역할을 할 수 있다.

2. 고객만족을 위한 체크 포인트

(1) 뷰티 서비스의 포인트는 인적 서비스이다.

뷰티 살롱을 방문하는 고객을 만족시키는 가장 중요한 요소는 바로 고객을 맞이하고 기술과 서비스를 제공하는 직원들이다. 직원들이 경영자 마인드를 가지고 살롱을 찾는 고객에게 최선을 다하여 최고의 서비스를 제공할 수 있도록 하려면 경영자는 직원들이 직장과 경영주에 대해 신뢰와 만족을 가질 수 있도록 직원들에게 고객을 대하는 마음으로 진심을 다하여 관리하여야 한다.

(2) 고객만족을 위하여 고객 위주로 생각한다.

고객 지향적인 사고와 고객 위주의 경영방식은 고객의 만족을 이끌어 살롱의 매출을 극대화할 수 있는 중요한 포인트가 된다.

고객이 이용하는 주차장부터 고객이 관리를 받게 될 장소의 쾌적한 환경이나 고객 관리를 진행할 직원들의 말씨나 태도 등 고객에 입장에서 불편한 부분이나 불쾌한 부분은 없는지 세심히 체크하고 문제점이 발생하면 빠르게 조치를 취하도록 한다.

(3) 고객의 구전홍보는 최고의 마케팅이다.

살롱에 있어 고객 만족은 선택사항이 아니라 필수사항이다. 이렇게 만족을 얻은 고객은 걸어다니는 최고의 마케팅 수단이자 가장 비용이 적게 드는 홍보 수단이기도 하다.

서비스 상품의 인지는 특히 경험을 통하여 많이 발생하는데 서비스를 제공받은 고객이 스스로 알아서 구전이나 시각적으로 다른 사람들에게 홍보 수단으로 활용되면 살롱을 알리는 최고의 마케팅 수단이 된다.

(4) 불만을 표현하는 고객은 최고의 고객이다.

서비스를 제공받은 고객이 의도적이든 무의식적이든 불만을 토로한다면 경영자는 이 부분을 잘 체크하여 고객의 요구를 파악하고 아무리 작은 것이라도 고객이 가지고 있는 불만사항을 찾아내는 것이 중요하다. 고객의 말을 귀담아 듣지도 않거나 듣고서도 반응하지 않는다면 고객은 더욱 더 불만이 커져서 최악의 상황을 초래할 수도 있다.

그러나 살롱에는 불만을 표현하는 고객보다는 불만이 있어도 이를 드러내지 않고 침묵으로 일관하다가 재방문을 하지 않는 고객들이 훨씬 많다. 불만을 토로하는 고객의 경우 경영자나 직원들이 적극적으로 이 부분을 해결하여 고객을 만족시킬 수 있다면 고객의 이탈을 최소화할 수 있지만 불만이 있었는지조차 알 수 없었던 고객은 무방비 상태로 고객의 이탈을 지켜볼 수밖에 없어 살롱 경영에 치명적 마이너스를 초래하게 된다. 까다롭고 요구사항이 많은 고객이 많다면 직원들이 고생스럽지만 고객을 만족시키기 위해 스스로 체크하게 되고 이런 행위가 반복되면서 직원들의 테크닉과 서비스의 수준이 향상되는 이점도 있다.

(5) 고객을 만족시켜 나의 고객을 만든다.

작은 정성이나 관심만으로도 고객의 마음을 충분히 사로잡을 수 있다. 고객의 헤어스타일이나 의상 및 액세서리(Accessory) 등의 작은 변화에도 관심을 가져 주고 고객이 관심 있는 분야의 정보 등을 제공함으로써 고객과의 공감대를 이끌어 내고 대화의 소통을 이룬다면 나만을 찾는 단골 고객으로 쉽게 확보할 수 있다. 즉, 고객의 마음을 사로잡는 것이 고객만족의 길을 여는 방법이다.

(6) 최고의 기술과 서비스로 고객을 만족시킨다.

고객의 연령, 직업, 건강상태, 성격 등을 잘 파악하여 고객에게 맞는 최상의 프로그램과 최고의 기술을 제공하는 것이 고객만족 서비스의 핵심이다. 여기에 최고의 서비스를 제공함으로써 고객의 만족을 극대화한다. 기술과 서비스에 만족한 고객은 쉽게 살롱을 이탈하지 않으며 충성고객으로 자리매김할 수 있는 장점이 있다.

(7) 지킬 수 있는 약속만 한다.

고객만족은 기대치와 결과치의 상관관계에서 나오고 결과치보다 기대치가 높으면 고객 만족을 얻기가 힘들다. 따라서 지키지 못 할 약속이나 과장된 상담 등으로 이유 없이 고객의 기대치를 높여서는 안 된다. 할 수 있는 적절한 수준에서 할 수 있는 약속이나 배려 등은 고객의 신뢰도를 높이는 데 도움이 된다.

3. 고객만족의 효과

고객만족이 이루어지면 고객 충성도가 반영되어 고정고객이 늘어나게 되고 고정고객의 구전 홍보 효과가 살롱의 이미지를 긍정적으로 상승시킴으로써 잠재고객의 방문도 늘어나게 된다. 고객의 구전 홍보는 살롱의 광고 비용을 줄일 수 있고 또한 신규고객의 수를 증가시켜 살롱의 매출을 극대화하는 데 중요한 역할을 하게 된다.

또한 직원들이 느끼는 직장 내의 신뢰도나 자부심, 자신감이 증가되며 살롱 내 매출 상승을 통한 성과금 등의 부가 수익도 증가될 수 있다. 또한 직장 내 동료 간의 결속력이 강화되는 이점이 있다.

4. 고객이 바라는 기본 욕구

살롱 내 고객의 화장품 및 서비스의 재구매를 높이기 위한 고객만족 극대화에는 고객이 바라는 욕구를 정확히 파악하는 것이 꼭 필요하다. 고객이 바라는 기본 욕구는 다음과 같이 정리해 볼 수 있다.

① 고객은 살롱을 방문할 때 누구에게나 환영받고 싶어한다.

② 고객은 사소한 것에서라도 관심 받고 싶어한다.

③ 아무리 1회 관리 고객일지라도 고객은 살롱에서 가장 특별한 사람이고 싶어한다.

④ 고객은 본인이 지불한 금액보다 더 많은 서비스와 최고의 기술을 제공 받고 싶어한다.

⑤ 고객은 인격적으로 사회적으로 존중 받고 싶어한다.

⑥ 1번 방문하고 오지 않을 고객일지라도 고객은 오래도록 기억되고 싶어한다.

SECTION 3 고객상담

1. 상담(Counseling)의 정의

상담이란 '사람 상호간에 심리적으로 협조하여 개인의 인격변화를 가져오는 사람들 사이의 깊은 이해' 라고 정의할 수 있다. 즉 서로 대화를 나누어 욕구를 파악하고 그것을 돕는 일련의 과정을 상담이라고 한다.

상담은 일방적으로 혼자 말하는 것이 아니라 서로 마주보고 대화하는 것이며, 그 목적은 서로가 공감할 수 있는 이해를 바탕으로 상담하는 사람의 전문적 지식과 판단력을 통하여 최선의 해결 방안을 제시하고 고객이 자신의 문제에 대해 정신적으로 자유로워지고 긍정적인 기대를 갖도록 해주는 것이다.

뷰티 살롱 중 피부 관리 상담은, 전문가로서 외모·말투·표정·눈빛 등이 고객에게 전달되어야 하며 전문 지식과 신뢰를 바탕으로 고객이 관리를 받을 수 있도록 설득하는 과정이다.

2. 상담을 위한 조언

① 상담의 기본 마인드는 '애정' 이다.

② 뷰티 전문가로서의 전문적 지식과 기술을 가지고 있어야 하며 다양하고 충분한 경험을 갖추고 있어야 한다.

③ 고객이 가지고 있는 문제점 중 고객의 요청사항이 우선으로 되어야 한다.

④ 고객과 상담 시에는 고객의 이야기를 경청하는 자세가 필요하며 상담자는 들을 때와 말할 때를 구분할 수 있어야 한다.

⑤ 상담 시에는 결과를 기다리는 자세가 필요하다.

⑥ 상담 시에는 고객과 눈높이에 맞추어 대화를 이끌어 가야 한다.

3. 상담을 위한 올바른 대화방법

(1) 들어주는 대화방법

① 주어진 시간 동안 효과적인 상담을 이끌어 내기 위해서는 상담의 방향을 잡

아주는 상담자의 역할이 중요하다.

② 고객이 편안하게 대화를 이어갈 수 있도록 고객의 대화가 끊어지지 않도록 하며 중간 중간 고객의 이야기를 경청하고 있다는 공감의 표현이나 몸짓을 보여 준다.

③ 고객과 대화하는 동안 시선은 고객의 눈가와 가슴 위를 바라보는 것이 좋다.

④ 대화 중 중요하다고 생각되는 부분은 메모지를 준비하여 경청 중간에 메모하는 습관을 갖는다.

⑤ 상담 중 대화가 분산되지 않도록 전화벨 소리나 주변 사람의 이야기가 들리지 않는 독립된 상담공간에서 진행한다.

(2) 말하는 대화방법

① 가급적 나긋한 목소리로, 표준말을 이용하여 이야기한다.

② 많은 말은 오히려 변명처럼 들리거나 설득력을 떨어뜨릴 수 있다.

③ 진실된 말 한 마디나 표정은 오히려 열 마디의 말보다 설득력이 있다.

④ 고객의 마음을 설득하고 싶다면 눈을 바라보고 상담자의 진심을 담아서 이야기한다.

⑤ 말할 때 적당한 제스처나 몸짓은 고객을 집중시키는 데 도움이 된다.

⑥ 상담 중 대화를 매끄럽게 이어 가기 위해서는 주로 고객이 가지고 있는 피부의 문제점이나 건강·문화·취미생활 등에 대하여 대화를 이끌어 나간다.

⑦ 고객과 상담이 진행되는 동안은 3.2.1. 화법을 활용하는 것이 좋다.

⑧ 상담 중에는 정치나 종교 및 고객의 사생활 등에 관한 이야기는 피하는 것이 좋다.

⑨ 상담 대화를 이끌어 가는 동안 음담패설을 하거나, 친근감을 표현하는 방식으로 반말 혹은 끝말을 흐리는 등의 대화는 오히려 고객에게 불쾌감을 줄 수 있다.

4. 효과적인 상담을 위한 상담공간 만들기

뷰티 살롱에서의 상담실은 살롱의 전문성과 신뢰감을 줄 수 있어야 하며 위생적이고 아름다움을 제공해 줄 수 있는 세련된 느낌을 주는 공간이어야 한다. 또한 공간이 외부에서 들여다보일 수 있을 정도로 오픈되어 있거나 사람들이 오가는 장소는 적합하지 않으므로 인테리어 시 반드시 독립 공간으로 만드는 것이 중요하다.

(1) 시각적 측면

① 처음 살롱을 방문하는 사람들에게 있어서 살롱의 이미지를 결정하는 80%가 시각적 이미지이다.

② 고객이 상담을 받기 위해 앉는 의자 눈높이에 맞추어 디플로마(Diploma), 자격증 등을 게시하여 전문가적 인상을 심어주는 것이 좋다.

③ 상담실 책장에는 뷰티 전문 서적이나 각종 자료들 및 패널을 눈에 잘 띄도록 전시하여 상담자의 전문성을 강조한다.

④ 상담실의 조명은 간접 조명과 직접 조명을 적절히 활용하여 심리적인 안정감과 편안함을 강조한다.

⑤ 상담실의 인테리어는 바닥재나 벽지 등에 동일계열의 색상을 사용하고 포인트가 될 만한 소품 등을 이용하여 안정감과 통일감을 주면서도 세련된 느낌을 유지한다.

⑥ 상담실의 데코레이션 소품은 상담과 관리 내용에 연관된 프로그램 메뉴판이나, 임상집·테스터 용품 등을 전시하고 이용하는 것이 효과적이다.

⑦ 상담자의 경우 전문성을 강조한 복장이나 헤어스타일·메이크업 등 위생적이면서도 전문적이고, 세련되면서도 너무 화려하지 않도록 하며, 이름표를 착용하여 고객에게 상담자의 직함이나 이름이 노출되도록 한다.

(2) 후각적 측면

① 뷰티 살롱을 방문하는 고객들에게 우리 살롱만의 특별한 향의 느낌을 주는 것이 좋다.

② 뷰티 살롱 중 에스테틱 살롱의 경우 화장품을 사용하여 관리가 이루어지는 공간인 만큼 살롱 내에는 화장품 향이나 아로마 향이 은은히 퍼질 수 있도록 디퓨저 등을 이용하는 것이 좋다.

③ 상담실의 쾌적하고 위생적 환경을 위하여 창문을 이용하여 자연 환기를 자주 해준다.

(3) 촉각적 측면

① 고객의 손길이 닿는 모든 것들이 부드러운 촉감과 편안함을 줄 수 있어야 한다.

② 고객이 신고 있는 실내화, 의자, 상담 테이블, 테이블 시트, 찻잔의 손잡이 등이 모두 촉각적 측면에 속할 수 있는 요소이다.

(4) 미각적 측면

① '곳간에서 인심난다'는 옛 속담처럼 상담 시에 고객에게 접대하는 음료나 다과는 고객의 마음을 여는 데 중요한 역할을 할 수 있다.

② 흔히 마실 수 있는 음료보다는 우리 살롱만의 특별함을 담을 수 있는 먹거리를 개발하는 것이 좋다.

③ 인스턴트 음료나 쉽게 마시는 티백 포장의 차보다는 고객의 건강이나 미용에 도움이 되는 차나 다과로 준비하는 것이 좋다.

(5) 청각적 측면

① 볼륨이 높은 음악은 오히려 상담에 방해가 될 수 있다.

② 잔잔한 클래식 음악은 고객에게 심리적 안정감과 편안함을 주어 상담을 이끌어가는 데 도움이 된다.

③ 대화의 형태에 따라 명상 음악이나 클래식 음악 등을 적절히 활용한다.

5. 단계별 상담방법(예-에스테틱 살롱)

(1) 고객 맞이하기

① 고객맞이, 상담준비, 기본 차트 작성을 한다.

② 자신감 있고 따뜻한 미소로 고객을 맞이한다.

③ 신규 고객의 경우 간단한 신상명세와 방문 목적을 작성한 후 상담실로 안내한다.

④ 고객의 기호에 맞는 차를 준비하고 상담자는 자기소개 후 날씨 등의 무난한 화제로 인사를 하며 상담을 시작한다.

⑤ 고객의 신상명세와 방문 목적을 바탕으로 상담을 위한 기초 자료를 작성한다.

⑥ 고객의 피부 관리를 위한 질문을 던지며 고객이 이야기할 수 있는 분위기를 조성하고 고객이 이야기하는 내용을 정확히 기록하는 모습을 보여준다.

(2) 고객과 대화 이어 가기

① 3.2.1. 화법을 이용한 상담을 진행한다.

② 고객의 피부 관리를 위한 대화 유도는 상담자가 진행하되 고객이 전적으로 말할 수 있는 분위기를 조성하고 상담자는 고객의 이야기에 귀 기울이며 경청한다.

③ 고객의 이야기 속에서 상담자는 문제에 대한 원인을 찾는다.

④ 피부 관리에 대한 개인의 기록을 파악한다.

⑤ 타 뷰티 살롱에서 시술 받은 프로그램 등을 체크한다.

⑥ 상담 과정을 통하여 현재의 고객의 피부 상태를 파악한다.

(3) 상담의 결과 설명하기

① 전문가적 의견, 문제 해결 방안을 제시한다.

② 상담자가 중심이 되어 말하는 단계로서 임상집이나 패널 등을 이용하여 고객 피부의 문제점에 대하여 자세히 설명해 준다.

③ 듣는 위주의 상담자 자세에서 분위기를 바꾸어 전문성을 갖춘 상담자의 모습으로 대화를 이끌어 나간다.

④ 고객의 입장을 고려하여 상담자의 의견을 자신 있게 전달한다.

⑤ 관리를 통하여 고객이 아름다워질 수 있다는 희망과 관리의 필요성을 인지시킨다.

(4) 관리 프로그램 안내하기

① 티켓팅 단계로 관리 프로그램, 관리기간, 관리비용을 제시한다.

② 고객의 피부에 맞는 관리 프로그램을 안내한다.

③ 고객이 가지고 있는 현재 피부의 문제점이 관리가 되는지, 된다면 비용이나 기간은 어느 정도가 드는지 등을 정확하게 설명한다.

④ 고객을 속이는 것이 아니라면 관리를 권하며 돈을 받는 것에도 당당하고 자신감이 있어야 한다.
⑤ 상담자가 고객에게 상담자의 선택을 추천해 줄 수는 있어도 단정적으로 제안하거나 강매를 하여서는 안 된다.
⑥ 고가의 관리만 권하지 말고 현명하게 장기간 고객을 이끌어 갈 수 있는 방향을 선택하여 권장한다.
⑦ 고객이 원하는 관리를 하는 것이 가장 좋으나, 상담자가 권하고 싶은 관리를 권함으로써 고객이 현명한 판단을 하는 데 도움을 주는 것도 좋은 방법이라고 할 수 있다.
⑧ 티켓팅이 이루어지면 고객과 상담자는 동상이몽에 빠진다. 상담자는 '이제 끝났다' 라고 생각하고 고객은 '이제 시작이다' 라고 생각한다.

(5) 관리 후 상담하기

① 홈 케어 상담과 예약일을 체크한다.
② 고객 관리가 끝나고 나면 다시 상담실로 안내하여 차를 접대하고 추가적인 상담을 진행한다.
③ 관리 중의 불편한 점이나 개선점을 묻고 체크한다.
④ 홈 케어의 중요성을 다시 한 번 인지시키고 화장품의 올바른 사용방법과 생활습관 등의 조언을 체크한 후 중요사항은 메모하여 전달한다.
⑤ 차기 예약일을 의논하고 체크한다.
⑥ 관리 첫날 이후 1~2일 지나고 난 뒤에 전화 상담을 통하여 피부 상태 등을 재점검 해주는 정확한 배려가 고객과 신뢰감을 형성하는 데 중요한 역할을 한다.

6. 고객불만에 따른 대처방법

고객의 불만과 불평을 처리하는 자세는 아주 중요하다. 서비스 산업이 발달되고 뷰티 살롱 시장이 포화상태로 접어들면서 비교 대상이 많아진 고객의 입장에서 불만의 목소리는 더욱 적극적이고 구체적으로 바뀌고 있다. 고객의 불평과 불만에 대한 가장 올바른 처리방법은 고객만족을 통하여 고객의 불만이 나오지 않도록 사전에 예방하는 것이다.

또한 고객이 불평, 불만을 표현하였다는 것을 굳이 부정적으로 바라볼 필요는 없다. 살롱의 테크닉이나 서비스가 마음에 들지 않았던 고객들의 상당수는 불만을 표현하지 않고 살롱에 발을 끊기 때문에 오히려 불만을 표현하는 고객들의 경우는 불만 요인을 개선하여 단골 고객으로의 확보를 확고히 다지는 기회를 마련할 수 있다.

또한 고객의 불만을 적극적으로 시정하는 모습을 고객에게 보여줌으로써 살롱에 대한 신뢰도를 증가시킬 수 있으며 이것은 곧 고객의 이탈을 막아 살롱의 매출 증가와 직결될 수 있다. 또한 고객의 부정적 구전 홍보를 차단함으로써 지역적 특색이 강한 뷰티 살롱의 경우에는 주변의 부정적 평판이나 다른 고객들의 불만사항을 미리 사전에 없앨 수 있는 기회가 되며 고객의 불만사항들을 취합하여 통계적으로 우리 살롱의 문제점을 파악하는 자료로 활용할 수 있는 유용한 효과가 있다.

대부분 뷰티 살롱에서 고객들이 불만이나 불평을 호소하는 부분은 크게 기술적 측면과 서비스적 측면으로 나눌 수 있는데 두 가지를 분리하여 불만을 표현할 수 있지만 대다수의 고객은 복합적인 문제점으로 불만을 호소하는 경우가 많다.

그래서 티켓팅을 통해서 3개월 정도의 고정 고객을 확보하고 있는 에스테틱 살롱은 월 1회 정도는 매주 관리를 받고 있는 고객을 대상으로 테크닉 및 서비스 만족 평가지를 만들어 고객의 만족도나 불편한 점을 체크하고 자료를 바탕으로 개선하는 태도를 적극적으로 활용하는 것이 경영에 도움이 된다.

그럼에도 불구하고 고객이 불만이나 불평을 호소하며 시정을 요구한다면 다음과 같은 방법으로 대처하는 것이 좋다.

(1) 적극적으로 대처한다.

고객이 불평을 표현하거나 불만사항을 토로하게 되면 주변 환경을 고려하지 않고 큰 목소리를 내게 되어 다른 고객들에게도 불편을 끼치게 된다. 담당자는 적극적으로 고객의 불만을 처리할 자세를 취하며 독립된 공간으로 고객을 안내하고 고객이 충분히 감정을 발산할 수 있는 환경을 조성한다.

(2) 적극적으로 경청한다.

고객은 불만을 표현하는 것만으로도 어느 정도 마음이 누그러질 수 있다. 그러나 만일 상대방이 나의 이야기를 건성으로 듣고 있다고 생각하거나 의례적 행동으로 보일 경우 이것은 더욱 더 고객의 화를 돋워 걷잡을 수 없는 문제로 확대되는 경우가 있다. 그러므로 담당자는 고객의 이야기를 적극적으로 경청하여야 하며 가끔은 제스처나 여흥구 등을 표현하며 고객의 이야기에 공감하고 있음을 보여 주어야 한다. 중요한 대목에서 메모하는 모습을 보여주는 것도 좋다.

(3) 진심을 담아 동감을 표시한다.

불만을 토로한 고객은 살롱을 대표하여 상대방이 나의 이야기에 호응하며 사과하기를 원한다.

이때 담당자는 진심을 담아 고객의 이야기에 동감하는 자세를 취하고 살롱을 대표하여 정중히 사과를 한다. 반드시 고객의 이야기가 끝난 다음에 사과하는 자세를 취하며, 공감을 표현하는 사과의 말로는 "고객님이 얼마나 화가 나셨을지 이해합니다". "살롱을 대표하여 진심으로 사과드립니다 고객님." 등이 있다.

(4) 해결 방안을 찾아 신속히 처리한다.

고객은 담당자의 사과만으로는 불평이 해결되지 않는다. 고객이 표현한 불평·불만 사항에 대하여 신속히 해결 방안을 모색하고 책임 한계를 명확히 가린다.

이때 고객의 불만을 해결할 수 있는 정답을 제시할 수 없다면 다른 보안책이나 보상방법을 제시하여 고객이 만족할 수 있는 결과를 만들도록 노력하여야 한다.

(5) 처리 후 반드시 고객의 피드백을 듣는다.

처리 결과에 대한 확인과 함께 고객의 만족도를 체크한다. 또한 불평·불만으로 인해 고객이 불이익을 당한다고 생각되지 않도록 더욱 적극적으로 고객 관리에 힘쓴다.

표 10-1 테크닉 및 서비스 평가 문항

1. 서비스적 측면					
	① 매우 만족	② 만 족	③ 보 통	④ 불만족	⑤ 매우 불만족
관리 프로그램에 만족스러우셨습니까?					
관리를 받는 동안 담당자에게 고객 의견이 충분히 반영되었습니까?					
담당하는 관리사가 최상의 서비스를 제공하였습니까?					
상담 시 관리 프로그램에 관하여 충분한 설명을 들었습니까?					
관리사의 위생 상태와 살롱의 위생 상태에 만족하십니까?					
비위생적인 부분이 있었다면 구체적으로 적어 주십시오. ( )					
살롱의 예약 가능 시간에 대해 만족하십니까? (AM00:00 ~ PM00:00)					
살롱의 시설물 사용에 만족하십니까? (화장실, 샤워실, 락카룸, 파우더룸, 관리실)					
2. 기술적 측면					
	① 매우 만족	② 만 족	③ 보 통	④ 불만족	⑤ 매우 불만족
담당자의 전문적 테크닉에 대하여 만족하십니까?					
특히 좋았던 테크닉과 특히 불만족스러웠던 테크닉을 적어 주세요. ( )					
담당자가 고객의 기호에 맞추어 테크닉의 압력을 조절하였습니까?					
현재 살롱에서 사용하고 있는 화장품이나 미용 기계에 대하여 만족하십니까? (효과, 브랜드, 향, 촉감 등..)					
관리 시 추가적으로 받아 보고 싶은 프로그램이나 테크닉이 있다면 적어 주세요. ( )					

평가에 성실한 답변과 시간을 내 주셔서 진심으로 감사드립니다.
고객님의 의견을 반영하여 최고의 프로그램을 만들도록 노력하겠습니다.

OOO 뷰티 살롱

원장 O O O

과제 및 토론

1. 뷰티살롱을 방문하여 보고, 고객의 입장이 되어서 기대하는 서비스 사항을 10가지 이상 정리하여 보고, 상호 토론하여 보세요.

2. 뷰티살롱의 직무에 따른 살롱 프로그램을 개발하여 보세요.

3. 클레임이 걸린 고객과의 상담 및 처리방법을 역할극을 통하여 실행해 보세요.

New Peronal & Educstion Training

Chapter 11

채용과 교육훈련

(인사교육, 직원관리)

Chapter 11 채용과 교육 훈련
인사교육 및 직원관리

SECTION 1 채 용

1. 채용의 의의

총체적으로 인력난에 허덕이고 있는 뷰티업계는 구인난을 해결하기 위한 다양한 방법들을 시도하고 있다. 그러나 다른 뷰티 살롱에 비해 임금이 높고 교육 훈련 및 복리후생 제도 등이 잘 정비되었다고 하더라도 우리 살롱의 상황에 적합한 직원을 고용하지 못한다면 뛰어난 기술 전달과 서비스를 전달함에도 고객을 만족시킬 수 없을 뿐만 아니라 이것이 곧 매출과 연계되어 긍정적인 경영 성과 또한 기대할 수 없다.

오로지 능력 있는 인재를 채용할 목적으로 지나친 과장 광고를 한다거나 학연이나 지연 등에 집착하게 되면 비록 선발되었다고 하더라도 조기에 퇴사할 가능성이 높고 살롱의 이미지에도 좋지 않은 영향을 미치게 될 확률이 높다.

채용을 잘못하면 그로 인한 직접적·간접적 손실이 클 수 있기 때문에 아주 세심한 주의를 기울일 필요가 있다. 그러므로 올바른 인재채용은 뷰티 살롱 경영의 성패를 좌우하는 가장 중요한 핵심요소라고 할 수 있다.

2. 채용기준과 구비서류 (에스테틱 살롱 예시)

(1) 신규 채용기준

① 2년 및 4년제 뷰티계열 학과 졸업 및 졸업예정자
② 뷰티 미용학원 및 직업학교 졸업 및 예정자
③ 미용사(피부) 자격증 소지자로서 현장 경험이 없는 자

(2) 경력 채용 기준

① 미용사(피부) 자격증 소지자로서 뷰티 살롱에 1년 이상 경력을 인정할 수 있는 자[4대 보험 납입 증명(의료보험관리공단 확인 가능, 세무서 소득 금액 증명서 증빙가능)서 제출]

② 미용사(피부) 자격증 소지자로서 뷰티 살롱을 경영한 경험이 있는 자

③ 미용사(피부) 자격증 소지자로서 뷰티 관련 업종(교육 및 영업)에 1년 이상 경력을 인정할 수 있는 자[4대 보험 납입 증명(의료보험관리공단 확인 가능, 세무서 소득 금액 증명서 증빙가능)서 제출]

(3) 채용에 필요한 구비 서류

① 자필 이력서(사진 첨부)

② 자기소개서

③ 주민등록등본

④ 미용사(피부) 면허증/미용사(피부) 자격증 사본

⑤ 미용학교 졸업(예정)장 및 미용학원 수료증 사본

⑥ 경력 증명서(경력 채용자의 경우)

⑦ 지원서(소정 양식)

SECTION 2 모집과 선발

1. 모집의 의의

모집이란 직원으로 선발될 후보자를 조직으로 유인하는 과정이다. 이러한 모집 과정에 있어서는 해당 뷰티 살롱에서 필요로 하는 노동력의 수, 경력, 장소, 채용 시기를 기초로 하여 가장 적절한 방법에 의해 조직의 내부 및 외부에서 유능한 인력을 유인하여 채용할 수 있도록 해야 한다.

채용을 하려면 우선 모집 방향을 잘 설정하여야 한다. 모집 방향을 설정할 때 고려해야 할 가장 중요한 사항은 모집 활동이 여러 측면에서 과연 합리적으로 실시되고 있는가를 검토하는 것이다. 이는 직원들의 직무 분석을 통한 인력의 질과 인력 수급 계획을 통한 인력의 수를 미리 결정하는 것이다.

필요한 인력의 질과 양이 결정되면 이에 따라 모집 여부 및 모집 방법이나 시기를 결정하여 본격적으로 채용활동을 진행하게 된다.

채용 활동은 뷰티 살롱의 직무분석과 인력 수급 계획뿐만 아니라 외부의 뷰티 시장 상황 등을 고려하여 충분한 시간적 여유를 가지고 이루어져야 한다.

장기적인 관점에서 뷰티 업종 종사자들의 근무개선과 복지 개선 등을 통하여 우수 인재들이 이탈되는 것을 막을 수 있는 방법도 함께 추진하여야 한다.

2. 선발방법

선발은 지원자 중에서 직무 요건에 가장 적합한 사람을 결정하는 과정인데, 선발 목적에 따라 적절한 방법을 선택하여 사용한다.

(1) 지원서

지원서는 기본적으로 지원자가 작성하며 직무에 적합한 자질이나 자격증 등을 갖추고 있는가를 판단하는 자료가 된다. 지원서에는 일반적으로 학력 및 뷰티 교육 정도, 경력 및 경험, 희망업무 및 지원부서, 추천자 등의 정보를 기입한다. 특히 지원자가 많을 경우에는 서류 전형에 의해 일차적으로 부적격자를 가려냄으로써 비용과 시간을 절약할 수 있다.

(2) 시 험

시험은 주로 신입 직원을 선발하는 과정에서 사용되는 것으로 이를 통해서 직무 수행 능력이 우수한 자를 선발하게 된다. 뷰티 살롱 선발 시험은 실기 테크닉 시험 위주이기는 하지만 교육기관이나 기업의 경우 부서의 업무적 특이성에 따라 필기시험과 실기시험을 모두 진행함으로써 지원자가 가지고 있는 능력을 다각도로 측정하기도 한다.

(3) 면 접

면접은 지원자를 상대로 지원자가 가지고 있는 능력 및 개인적 특성 등을 파악하기 위해 실시한다.

선발과정에서 진행되는 면접의 경우 매우 주관적인 판단에 의존한다는 점이 문제시되고 있지만 뷰티 살롱 경영자나 인사 담당자는 다른 업종에 비해 특히 면접의 필요성과 중요성에 대해 강조하고 있다. 왜냐하면 면접을 통하여 직무 요건에 관한 시험 결과를 확인한다든지 실제 시험에서 나타나지 않은 지원자의 인성 및 다양한 정보를 얻을 수 있기 때문이다. 오늘날 산업심리학의 발달과 더불어 면접의 기법이 계속 개발되고 발전함에 따라 대다수의 업종에서 면접을 통한 직원 선발 의존도가 높아지고 있다.

(4) 적성검사와 인성검사

서비스 업종의 고유한 특성을 고려하고 시험의 단점을 보완하기 위해 적성검사나 인성검사를 실시하여 조직생활에 대한 적합성 여부를 판단할 수가 있다.

적성검사는 구체적인 능력 또는 적성, 이를 테면 기계, 사무, 언어, 예술, 학문적 적성 등을 보유 하고 있는지를 측정할 수 있으며 인성 검사는 지원자의 성격이나 취향 등을 좀 더 정확히 체크 할 수 있다.

3. 면접평가서(예시)

<table>
<tr><th colspan="7">면 접 평 가 표</th></tr>
<tr><td colspan="2" rowspan="5">사진</td><td rowspan="2">이름</td><td>한글</td><td></td><td>전화</td><td></td></tr>
<tr><td>영문</td><td></td><td>M.P</td><td></td></tr>
<tr><td colspan="2">주민등록번호</td><td></td><td>e-mail</td><td></td></tr>
<tr><td colspan="2">연락처</td><td></td><td>긴급연락처</td><td></td></tr>
<tr><td colspan="2">현주소</td><td colspan="3"></td></tr>
<tr><td rowspan="4">경력사항</td><td>부터~까지</td><td colspan="3">근무처</td><td>직위</td><td>급여</td></tr>
<tr><td>~</td><td colspan="3"></td><td></td><td></td></tr>
<tr><td>~</td><td colspan="3"></td><td></td><td></td></tr>
<tr><td>~</td><td colspan="3"></td><td></td><td></td></tr>
<tr><td colspan="2">자격증 취득</td><td colspan="3"></td><td>신체 상태</td><td></td></tr>
<tr><td colspan="2">희망직급
및 급여</td><td colspan="3"></td><td>책정직급 및
급여</td><td></td></tr>
<tr><td colspan="2">면접일자</td><td colspan="3"></td><td>취업일자</td><td></td></tr>
</table>

<table>
<tr><th colspan="5">평 가 의 견</th></tr>
<tr><td>인성</td><td>상</td><td>중</td><td>하</td><td>기타</td></tr>
<tr><td>직업 적성도</td><td>상</td><td>중</td><td>하</td><td>기타</td></tr>
<tr><td>기술/습득력</td><td>상</td><td>중</td><td>하</td><td>기타</td></tr>
<tr><td>커뮤니케이션/
이해</td><td>상</td><td>중</td><td>하</td><td>기타</td></tr>
<tr><td rowspan="2">결과</td><td>채용</td><td>직급이동 채용</td><td>채용보류</td><td>채용불가</td></tr>
<tr><td>책정
직위(무) 및
급여</td><td></td><td>취업예정일자</td><td></td></tr>
</table>

SECTION 3 채용 및 근무에 필요한 서식

1. 근로계약서(예시)

근 로 계 약 서
뷰티 사업장 대표 000(이하 "갑"이라 한다)와 직원 000(이하 "을"이라고 한다) 사이에 다음과 같이 근로계약을 체결한다. 제1조 (업무의 내용) 뷰티 사업장 내의 관련 업무 내용을 기술한다. 제2조 (근무기간) 0000년 0월 0일부터 0000년 0월 0일까지 제3조 (근무시간) 오전 00시부터 오후 00시까지 (1일 총 00시간) 제4조 (직책) 뷰티 사업장 점장, 뷰티 매니저, 관리사 및 미용사, 아티스트, 인턴 직원 제5조 (보수 및 지급방법) 가. 보수 : 기본급 + 성과급 나. 수당 다. 지급방법 제6조 (계약의 해지) "갑"은 "을"이 다음 해당사유가 발생할 시에는 채용계약을 해지할 수 있다. 가. 뷰티 사업장에 지대한 불이익이 발생할 수 있는 원인을 제공했을 때 나. 고의 또는 부주의로 사업장 내의 기기 및 기물 관련 장비에 손해를 끼쳤을 때 다. 뷰티 사업장 내의 규칙을 위반하거나 관련 업무에 방해를 끼쳤을 때 라. 직무를 태만히 하거나 직원의 본분에 위반되는 행위를 했을 때 제7조 (근무) "을"은 뷰티 사업장 내에서 업무수행을 위하여 "갑"의 직원 근무규정을 지킨다. 제8조 (교육 훈련) "갑"이 "을"에게 뷰티000로서 능력을 획득할 수 있도록 기술교육을 제공하는 기간은 1년으로 정하며, "을"은 그 대가로 뷰티000로서 뷰티 사업장에서 업무수행을 책임지며, 정당한 사유 없이 그만 둘 경우 그에 따른 책임을 진다. (단, 관련업무의 인수인계를 명확히 할 경우는 예외로 한다.) 제9조 (기타 채용조건) 가. "을"은 뷰티 사업장의 근무규정에 제시된 사항을 성실히 이행하여야 한다. 나. "을"은 업무수행에 있어서 "갑"의 지시에 따라야 한다. 다. "을"은 규칙 및 계약서에 규정되지 아니한 사항은 "갑"이 정하는 바에 따라야 한다. 라. 기타 해당 사업장의 필요한 규정을 넣도록 한다. 제10조 본 계약에 명시되지 않은 사항은 관련 동종 업계의 관례에 따른다. 본 계약서는 2통을 작성하여 각각 1통씩 사업장과 관련 직원이 보관한다. 0000년 0월 0일 **고 용 인(갑)** ○○○ 뷰티살롱 대표 ○○○ (인) **피고용인(을)** 직원 ○○○ (인)

2. 고용계약서(예시)

고 용 계 약 서	
고용인과 피고용인 간 상호 합의에 의하여 다음과 같이 고용계약을 체결한다. **고 용 인** : 뷰티 사업장 대표 000 **피고용인** : 직원 000 **주 소** :	
채용기간	0000년 00월 00일 ~ 0000년 00월 00일
근무장소	0000지점 근무
업무내용	피부미용, 메이크업, 네일, 헤어, 두피, 전신관리, 뷰티상담, 기타
근무시간	오전 00시 ~ 오후 00시 (1일 00시간 근무)
휴일	한 달에 0회, 지정휴일 0요일
휴가	1. 정기 유급휴가 ① 새해 : 0일 ② 설날 : 0일 ③ 여름휴가 : 0일 ④ 추석 : 0일 2. 부정기 유급휴가 : 직계가족 상조사, 예비군 훈련(남성의 경우)
임금	1. 기본급 : 000만 원, 상담 수당 000만 원, 직능수당 000만 원, 기타수당 000만 원 2. 임금 정산일 : 매월 00일부터 다음달 00일까지 3. 임금 지급일 : 매월 00일 4. 임금 지불시의 공제 ① 결근 : 기본급의 1/30의 2배 ② 지각 : 3회가 결근 1회에 해당한다. 5. 화장품 판매 수당 : 제품 순수익의 00%를 지급한다.
후생복지	1. 중식, 석식제공 2. 교육 지원 ① 매월 00회 외부강사, 내부강사 교육 ② 6개월에 1회 이상 외부 유료 세미나 참가 3. 기숙사 근무 시 00만 원 부담 조식, 중식, 석식, 전기, 상수도료, 유류비 포함
기타	위 계약은 향후 0년간 동안 유효하다.

3. 서약서(예시)

직 원 서 약 서
본인은 금번 귀사에 채용되어 근무함에 있어 다음 사항을 성실히 준수할 것을 서약한다. 1. 귀사의 제 규칙 및 명령시달을 준수함은 물론 상사의 업무상 지시에 순종하겠습니다. 2. 최선을 다하여 부가된 직무를 성실히 수행할 것이며, 고의적 태만으로 귀사의 명예를 손상하거나 장애가 되는 언행을 하지 않겠습니다. 3. 직원 상호간의 인격을 존중하며 인화 단결에 노력하며 직장질서 유지에 이바지하겠습니다. 4. 귀사의 업무상 알게 된 사항을 절대로 외부로 누설하지 않겠습니다. 5. 귀사의 비품을 외부에 반출하거나 피해를 입히는 일이 없도록 하겠습니다. 이상과 같이 서약하며 만일 서약 사항을 위반하여 귀사에 업무상 피해를 입힌 경우에는 전적으로 본인이 책임을 지며 그 손해액을 변상하겠습니다. 0000년 0월 0일 입사자 성명 : ○○○ (인) ○○○ 뷰티살롱 귀중

4. 직원 준수사항(예시)

종 업 원 준 수 사 항
1. 출근시간은 0시 00분이며, 뷰티 살롱에서는 퇴근 전 완벽하게 정리하고 미정리된 상태일 때에는 다음날 출근 시간 전에 미리 정리할 시간을 정해서 출근하여 정리한다. 2. 전 직원은 출근카드를 체크하여야 하며, 이를 이행하지 않았을 경우 지각이나 결근으로 처리한다. 3. 상사의 지시를 신속히 시행하여야 하며 불평하거나 게을리 하여서는 안 되며 두 번 경고 후 시정치 않았을 때 자진퇴사를 원칙으로 한다. 4. 뷰티 매니저는 인턴 직원을 잘 지도하여야 하며, 인턴도 그 지도를 잘 따라야 한다. 5. 인턴 직원은 사업장 전반에 대해 잘 알고 있어야 하며 모르는 상태로 지나가서는 안 된다. 6. 고객으로부터 일에 대한 질문을 받았을 경우 정확하게 설명을 해 드리고 모를 경우 윗사람에게 문의하여 고객의 응대를 명확히 하도록 한다. 7. 모든 직원은 식사시간을 준수하여서 식사하도록 하며, 식사 후 업무에 지장이 없도록 한다. 8. 근무 중 작업장을 비우는 일이 없도록 한다. 볼일이 있을 경우는 담당 매니저 및 상사에게 보고 후 허락하에 외출할 수 있다. 9. 사업장의 이익을 우선으로 하고 개인의 실수로 인해 해당 사업장에 불이익을 초래할 경우는 그 책임을 진다. 10. 사업장 내에서는 정해진 유니폼을 착용하여야 하며 항상 개인위생과 몸가짐 및 유니폼을 청결히 하여야 한다. 11. 사업장 내에서 사용하는 재료는 사업장 밖으로 반출할 수 없으며, 개인 용도로 차용 및 반출 시 그에 대한 책임을 지도록 한다. 12. 직원끼리의 의사소통 문제로 인한 폭력과 기구파손 및 사업장의 이익에 반하는 행동을 할 시 관련 대상자는 퇴사 처리하도록 조치한다. 13. 매니저나 직속상사의 업무적 지시는 따라야 하며 업무상 그러지 않을 경우 인사고과에 불이익을 받을 수 있다. ○○ 뷰티살롱 대표 ○○○

5. 직원교육 진행 단계(예시)

단계	내용
1단계	교육할 내용을 직접 실연을 통하여 보여주고 설명해 준다.
2단계	1단계에서 진행한 교육내용을 이해하는지 알기 위하여 교육한 내용을 실습하도록 한다.
3단계	직원이 실습한 내용 중에서 잘못한 부분은 지적하여 보완하여 준다. 이때에도 직접 실연을 통하여 수정하여 준다.
4단계	반복 실습을 통하여 완전히 습득할 수 있도록 한다. 부족 시 다시 재교육을 하며, 완벽하게 수행했으면 반드시 칭찬한다.
주요교육 내용	• 기본적인 접객 용어 • 고객 응대 자세 • 청소 • 관련 매뉴얼 숙지 • 상품 주문 및 검수 • 인사방법 • 복장 차림새 • 전화 받는 법 • 관련 업무 단계별 기술 숙지 • 고객 불평과 불만처리

SECTION 4 직원 배치

1. 직원 배치의 중요성

직원 배치란 선발된 지원자를 뷰티 살롱의 특정 직무에 포함시켜 조직 구성원으로서의 자격을 부여하는 과정을 이야기한다. 배치는 뷰티 살롱에 채용된 사람에게 일자리를 제공한다는 의미만 있는 것이 아니라 유능한 인재를 살롱 내 적재적소에 연결하여 효과적인 업무를 진행할 수 있도록 하는 것이다.

아무리 인재 채용을 잘했다고 하더라도 적성에 맞지 않는 위치로 배치가 잘못되면 조직에 적응하지 못하게 되므로 어렵게 채용한 인적자원의 확보 및 관리에 따른 노력이 허비되고 비용이 낭비될 수 있다.

2. 직원 배치의 원칙

(1) 채용한 직원을 적재적소에 배치할 수 있어야 한다.

조직은 효율을 높이기 위하여 살롱 내 조직의 구성원이 소유하고 있는 능력이나 성격 등에 가장 적합한 자리에 배치하여 직원의 능력을 최대로 발휘할 수 있도록 하여야 한다. 그러므로 배치는 살롱 내의 직무가 요구하는 자격 요건과 채용한 직원이 보유한 조건이 최대한 균형을 이루어야 성공할 수 있다.

(2) 직원 개인의 능력을 발휘할 수 있어야 한다.

직원 배치에 있어서 각각의 능력주의는 개인에게 능력을 발휘할 수 있는 기회와 장소를 제공하여야 한다. 그리고 경영자는 그 성과를 올바르게 평가하고 평가된 능력과 실적에 대해서는 반드시 그에 상응하는 보상을 할 수 있어야 한다.

(3) 장기적 안목으로 인재를 육성하여야 한다.

끼워맞추기식의 인력 배치는 득보다는 실이 많다. 개인의 능력을 발휘할 수 없는 인력 배치나 자리에 급급한 인력 배치를 하게 되면 인적 자원을 효과적으로 사용할 수 없다.

신입 직원의 경우 장기적인 안목을 가지고 직무와 관련된 다양한 교육과 훈련을 진행함으로써 인적 자원을 육성·발전시켜야 한다.

인적 자원의 육성은 경영자의 입장에서 직원을 육성한다는 의미뿐만 아니라, 직원 개개인의 의지·의욕·희망을 중심으로 하는 자기개발이 강조되어야 효과가 있다.

(4) 조직 전체가 균형이 이루어져야 한다.

직장은 사람과 사람이 모여 이룬 집단으로, 직원들의 배치나 부서 이동시에 개인도 중요하지만 전체를 고려할 필요가 있다. 뷰티 살롱 조직 전체의 능력을 향상시키고 올바른 조직 문화 등을 도모하는 의미에서 조직과 개인 간 균형은 반드시 이루어져야 한다.

SECTION 5 직원 교육 훈련

1. 교육 훈련의 필요성

뷰티 산업은 인적 자원산업이기 때문에 그 어느 산업보다 교육 훈련이 중요하다.

살롱에 적합한 인적 자원을 선발하면, 그 다음은 직원이 뷰티 살롱의 환경에 빠르게 적응하고 살롱 내의 테크닉과 서비스 및 업무 지식 등을 향상시키기 위해 종합적인 교육 훈련을 실시할 필요가 있다.

직원들의 교육 훈련은 신규로 채용된 자뿐만 아니라 직무의 전환이나 승진 또는 새로운 지식이나 기술을 필요로 하는 경우에도 반드시 필요하다.

교육 훈련은 교육과 훈련으로 구분되기도 하는데, 교육이란 일반적·이론적·개념적 주제를 주로 하여 지식을 습득하는 과정이며, 훈련이란 특정한 직무 또는 한정된 주제에 대하여 기술을 향상시키는 과정을 이야기하는 것이다.

기술과 서비스를 중하게 여기는 뷰티 살롱의 인재양성은 주로 다양한 교육과 반복적인 훈련을 통해 이루어지고 있는데, 모든 직원들이 각각의 분야에서 최고의 전문가로 거듭날 수 있도록 경영주는 교육과 훈련에 부단히 힘써야 한다.

매니저, 팀장, 시니어, 스태프 등 직급에 상관없이 각각의 위치에서 직무를 능률적이고 효율적으로 수행할 수 있도록 체계적으로, 그리고 정기적으로 교육과 훈련을 진행하여야 한다.

2. 교육 훈련의 목적

교육 훈련의 목적은 모든 직원들의 지식이나 기술 및 서비스 태도 등을 향상시킴으로써 오래도록 뷰티살롱을 유지·발전시키고 조직원들을 단단하게 결속할 수 있는 긍정적 힘을 발휘할 수 있다.

또한 교육 훈련은 직원들에게 자기발전과 자기 확신 및 성취욕을 자극함으로써 각각의 개인들에게 직업적 고취감과 살롱의 충성도를 증가시키는 역할을 할 수 있다.

교육 훈련은 앞으로 예상되는 높은 수준의 업무를 수행할 수 있도록 구성원의 자질과 능력을 개발하여 유능한 미용인을 양성하는 것이다. 즉 결과적으로는 유능한 후계자를 육성하는 부가적인 목적도 가지고 있어 개인과 대인관계, 내부집단과의 관계, 살롱 정책실행 등에도 긍정적 결과를 가지고 올 수 있다.

3. 교육 훈련 단계

① **계획 단계** : 교육 훈련의 목표를 설정한다. 교육 훈련 대상과 훈련 목표, 훈련 방법, 훈련 장소 등을 선택하고 계획하는 단계이다.
② **실행 단계** : 교육 훈련을 구체적으로 실행하는 단계이다.
③ **평가 단계** : 각 개인의 교육 훈련 결과를 평가하여 인적 자원 관리에 활용되는 단계이다.

4. 교육 훈련의 유형

(1) 일반 직원 훈련

① **내부 직무 훈련** : 이 훈련은 직무를 수행하면서 직속 상사로부터 실습을 통하여 직무를 배우는 훈련이다. 이 훈련의 장점은 일을 하면서 피훈련자의 기술 수준이나 능력에 맞추어 비교적 적은 비용으로 훈련을 할 수 있다는 것이다. 그러나 일을 하면서 훈련을 받기 때문에 심적 부담이 생기고 많은 사람을 훈련하는 데에는 적절하지 못하다는 단점이 있다.
② **외부 직무 훈련** : 이 훈련은 직무 현장을 떠나서 별도의 장소에서 비교적 어려운 직무에 대하여 받는 훈련이다. 즉, 외부 교육 훈련 담당자의 책임 아래 외부의 전문 교육 훈련 기관에 위탁하여 실시하는 방법이다.
훈련 받고자 하는 분야의 전문가 지도 아래 진행되며 업무를 중단하고 집단적으로 훈련에만 전념할 수 있기 때문에 효과적이다. 또한 다른 부서나 동종업계 및 타 업계의 다른 사람들과 교류하며, 지식과 경험을 나눌 수 있어 교육 이외의 다양한 장점을 가질 수 있다.
그러나 교육자와 피교육자 간의 충분한 커뮤니케이션이 이루어지지 않을 경우, 교육 훈련이 추상적인 경우가 많아 현장과 거리감이 있는 훈련이 되기 쉽고 교육 훈련에 대한 경영주의 경제적 부담이 커질 수 있고 개인 뷰티살롱의 경우 근무자의 부재로 영업에 큰 손실을 입을 수 있는 단점이 있다.

(2) 팀장 훈련

팀장 훈련은 직장에서 직원을 직접 지도하고 감독하는 지위에 있는 팀장을 위한 훈련이다.

팀장 훈련의 주 내용은 뷰티 살롱의 팀장 등과 같은 현장감독자의 지도 및 통솔력을 기르고 관리에 대한 기초적인 지식과 기술을 습득시킬 목적으로 실시된다.

(3) 매니저 훈련

이는 뷰티 살롱에서 총괄책임을 지고 있는 매니저와 같은 관리자에 대한 교육훈련이다. 교육 프로그램은 비교적 광범위한 경영문제와 직원 및 고객관리방법에 대하여 주로 토론식으로 진행하고, 이 외에도 강의법·실습법·역할 연기법·사례연구법 등이 활용된다.

(4) 경영자 훈련

대표적 유형은 최고 경영자 훈련 프로그램이다. 이 훈련 프로그램은 살롱을 운영하는 경영층을 대상으로 최신의 살롱 경영에 관한 전반적 지식과 기법을 교육한다. 주요 강좌 내용은 서비스 업종의 운영 목적과 경영 방침, 조직관리, 재무관리, 홍보 및 마케팅 방법 등 경영에 필요한 전반적 내용에 대하여 교육한다.

5. 교육 훈련방법

교육 훈련방법에는 여러 가지가 있는데 뷰티 현장에서 적용할 수 있는 방법들로서는 다음과 같은 것들이 있다.

(1) 강의식 교육 훈련

가장 일반적인 교육 방법으로서 교육을 진행하는 강사는 주어진 교육 내용에 대해 강사가 원하는 데로 강의를 이끌어 가면서 설명 하는 방법이다.

배우고자 하는 내용을 전달하는대로 강의를 이끌어 가며 설명하는 방법이다.

배우고자 하는 내용을 전달하는데 가장 효과적인 교육 훈련 방법이다.

많은 피교육자를 한꺼번에 교육할 수 있는 장점이 있는 반면 피교육자에게 일방적으로 지식을 전달하는 것으로 그칠 수 있다는 단점이 있다.

(2) 토론식 교육 훈련

이 방법은 공동의 문제에 대하여 참가자들로 하여금 가급적 전원이 의견을 내도록 하여 문제를 토론하고 해결하는 훈련방법으로 직원들에게 다른 시람 들의 경험을 공유하고 배우는 기회를 제공 한다.

집단적인 이해도를 높일 수 있는 장점이 있지만 토론을 이끌어가는 진행지가 뷰티 살롱의 업무를 전반적으로 이해하고 있어야 하는 문제점이 있다.

(3) 시청각을 이용한 교육 훈련

강의식 교육에 교재를 사용할경우에 이를 보조하는 역할을 하는 방법으로 영화, 영상, TV, 사진, 도표 등을 통하여 흥미를 일으키도록 교육을 진행하는 방법이다.

그러나 강의에 알맞은 교재가 확보되어야 하고 그에 요구되는 시설이 뒤따라야 하는 문제점이 발생 할수 있다.

(4) 사례연구법을 이용한 교육 훈련

이 방법은 주로 매니져 훈련이나 경영자 훈련에 활용되는 방법으로 실제로 현장에서 있었던 사례에 대해 집단적으로 토론이나 토의를 거쳐 상황분석과 진단 및 문제해결방법을 발견하기 위하여 활용한다.

피교육자등의 창의력, 판단력, 분석력 및 통찰력을 키울수 있는 반면 상대적으로 시간과 노력이 많이 들고 피교육생의 수준에 따라 달리 적용될수 있다.

(5) 역할 연기를 이용한 교육 훈련

이 방법은 뷰티살롱 현장에서 수행하고 있거나 현실에 가까운 상황을 설정하여 피교육자로 하여금 5~10분간 연기를 하게한 뒤 이에 대한 참가자 전원이 이 연기 상황에 대해 토론을 함으로써 피 교육자의 행동을 개선시키려는 훈련 방법이다. 이 방법은 주로 서비스업에서 가장 중요한 인간관계 훈련에 많이 이용되나 화장품 등을 판매하는 판매원 훈련용으로도 사용되는 교육 훈련방법이다.

그러나 시간과 경비가 많이 든다는 단점이 있다.

(6) 브레인 스토밍(Brain storming)

이 방법은 새로운 아이디어를 개발하기위한 방법으로 오스본(A. F. Osbon)에 의해 고안되었다. 교육에 참여한 사람들이 자유로운 분위기에서 신제품의 판매방식, 새로운 기술개발등에 관한 여러 가지 아이디어를 제시하고, 이를 체계적으로 수집, 정리함으로써 실현가능한 새로운 아이디어를 도출해 내는 교육 훈련방법이다.

6. 교육 훈련의 주요 내용

서비스 업종의 교육 훈련은 일반 직원 및 관리자들의 전문 지식과 기술 및 서비스마인드를 육성·개발하여 뷰티 살롱 현장에서 부족한 부분을 개선하고 보완하는 한편, 효과적 뷰티살롱을 운영하는 토대를 구축하는 것이다.

(1) 서비스 교육

서비스 교육은 뷰티산업의 특성상 가장 중요한 교육 중 하나로 고객에 대한 접객 예절, 인성, 교양, 근무자세, 태도, 서비스 마인드 등을 기술교육과 병행하여 실시하는 것이 바람직하다.

특히 고객의 다양한 유형을 분석하고 그에 맞는 효과적인 방법으로 적절히 대응하여 고객의 욕구를 만족시키는 것은 미용 기술 못지 않게 중요하므로 이에 대한 체계적인 교육이 필요하다.

(2) 기술 교육

기술 교육은 뷰티살롱에서 미용기술을 주체로 영업활동을 하고 있고, 그 기술은 유행의 흐름에 따라 해마다 고객의 욕구도 변하므로 그 변화에 대응하는 기술의 유지와 진보를 위해서는 끊임없는 교육과 훈련이 진행되어야 한다.

특히 새로운 화장품이나 미용기기의 사용방법이나 취급 요령등을 빨리 습득하여 실전에 적용하여 기술과 결합하여 시너지 효과를 내야만 다른 뷰티살롱과의 경쟁에서 우위를 점령할 수 있다.

(3) 미용경영 교육

최근 가장 중요하게 대두되고 있는 미용경영 교육은 뷰티 살롱의 규모가 점차 대형화·조직화·세분화 되어 가는 현재 상황 속에서 체계적인 뷰티 경영 시스템의 관리가 뷰티 살롱의 성공을 좌우함으로써 가장 중요한 교육 아이템으로 인식되고 있다.

미용경영 교육은 일반경영, 리더십, 마케팅, 인사관리, 재무관리, 광고·마케팅 관리, CRM 등을 중심으로 교육하여 이와 같은 내용을 실제 뷰티살롱에서 응용하도록 한다.

7. 교육 훈련의 평가

(1) 교육 훈련 평가의 의미

경영주는 직원들에게 교육 훈련을 실시하고 난 후에 그 결과가 교육 훈련의 목적과 부합되었는지, 그리고 살롱의 매출 증대·고객만족·업무능률 향상·분위기 개선 등 살롱과 피교육자 개인의 성장과 발전에 도움이 되는지 등을 평가하여야 한다.

그리고 교육 훈련의 방법이나 기술 등이 적절했는가를 분석하여 차후의 교육 프로그램을 개발할 때 이용할 참고 자료를 얻을 수 있어야 한다.

(2) 교육 훈련의 평가 과정

교육 훈련의 평가 과정은 다음의 순서로 진행된다.

목적 확인 → 측정방법 검토 → 측정시기의 검토 → 실시 → 측정결과분석 → 평가 및 활용

교육 훈련의 평가는 목표 달성치의 측정, 피훈련자의 행동변화의 측정, 증거자료의 수집과 입증, 보충 교육 훈련의 필요성 자각, 교육 훈련 전반에 관한 반성과 개선 등을 위해 필요하다. 무엇보다 중요한 것은 능력평가의 자료로 삼아 인사관리 제도와 연계시키는 일이다.

(3) 교육 훈련의 평가기준

피훈련자의 자기평가, 상급자·동료·교육 담당자 등의 평가방법이 있지만 때때로 신뢰성이 문제가 된다.

당연히 객관적인 평가방법이 합리적인데, 이 경우 평가기준이 문제가 된다.

1) 요더(D. Yoder)의 평가기준

① **교육 및 훈련 전후의 비교** : 피훈련자의 훈련받기 전과 후의 행동 변화 및 성과 변화를 측정하거나 평가한다.

② **통제 그룹** : 피훈련자들을 비훈련자와 비교하여 그룹으로 비교 평가한다.

③ **생산성** : 교육 훈련 이후의 생산성 변화를 비교 평가한다.

2) 로쉬(C. H. Lawshe)의 평가기준

① 생산량

② 단위당 생산소요시간

③ 훈련 실시기간

④ 불량 및 파손자재 소모

⑤ 품질

⑥ 사기

⑦ 결근, 고충, 퇴직, 재해율

⑧ 일반관리 및 관리자부담

(4) 교육 훈련의 평가방법

교육 훈련 평가방법에는 의견조사방법, 시험방법, 관찰방법, 면접방법, 자료분석방법, 실험비교방법, 상호평가방법 등이 있다. 뷰티 산업에서 적당한 평가방법은 의견조사방법과 시험방법이다.

의견조사방법은 피교육자와 교육자로 나누어 조사하는 것이 합리적이며 시험방법은 교육 훈련이 끝난 후 실무에 돌아와서 학습 정도를 시험을 통하여 평가하는 방법을 이야기한다.

교육훈련 평가의 신뢰도를 높이려면 무엇보다도 객관성과 투명성이 확보 되어야 함으로 한가지 평가 방법 보다는 여러 방법을 동시에 실시하는 것이 효과적이다.

(5) 평가결과의 활용 및 피드백

교육 훈련의 성과는 살롱의 매출 증대로 직결되어 나타난다.

직원들에게 교육 훈련을 통한 매출 및 경영성과의 기여도에 따라 승급과 급여에 차이가 난다는 사실을 확실히 고지하고 객관적 평가를 통하여 포상하게 되면 '노력한 만큼 좋은 평가를 받을 수 있다' 는 인식이 직원들 사이에 퍼지게 되고 이것은 곧 경영주와의 신뢰성을 구축하는 데 도움이 된다.

그러므로 교육 훈련 평가는 교육 훈련 계획, 교육 훈련 프로그램 설계, 교육 훈련 실시의 전 과정과 연계되어야 한다. 그리고 평가 결과는 반드시 피드백을 공유하고 사후관리를 통하여 지속적인 케어가 이루어 지도록 연계 프로그램을 개발하여 지속적으로 꾸준히 운영되어야 한다.

SECTION 6 뷰티 기업의 복리후생

1. 복리후생의 의의

복리후생은 뷰티 살롱에서 근무하고 있는 직원과 그의 가족의 생활수준을 향상시키기 위하여 간접 보상을 포함하여 제공되는 임금 이외의 급여를 총칭하는 말이다.

복리후생은 뷰티 경영자 자체의 부담과 책임 아래 마련되는 급여로서 구성원의 노동력 재생산 즉 노동력 확보, 유지, 배양을 원활하게 하기 위한 것일 뿐만 아니라 경영 공동체의 형성의 기반으로서 반드시 필요하다.

2. 복리후생의 종류

뷰티살롱에서 실시하는 복리후생 제도는 크게 법정 복리후생과 법정 외 복리후생으로 나누어 볼 수 있다. 법정 복리후생은 법률에서 의무화한 사회보험의 미용실 부담분이며 사회보장제도의 발달에 따라 좌우된다.

법정 외 복리후생은 뷰티 살롱의 경영주가 직원에 대해서 실시하는 경제적 급여이며 경제 사회정책에 의해 좌우된다.

① **법정 복리후생** : 의료보험, 연금보험, 산재보험, 고용보험

② **법정 외 복리후생** : 기숙사지원, 급식, 위생, 휴양, 휴무, 휴가, 운동, 회식, 차량, 교육, 보육 지원 등

3. 복리후생제도의 구체적인 내용

(1) 휴일 및 휴가 제도

1) 휴일 규정

① 휴일은 매주 ( )요일을 정기휴일로 정하고 월 ( )회 월차를 지급한다.

② 월차 휴가는 월 ( )회를 원칙으로 하되, 부득이한 경우로 근무시에는 특근수당을 지급한다.

③ 결근 1회, 지각/조퇴 3회 이상인 경우, 월차 휴일을 상실한다.

2) 휴가 규정

① 연간 정기휴가 일수는 (   )일로 정한다.

② 다음 각 호에 해당하는 경우에는 경조 휴가를 실시한다.

- 본인의 결혼, 자녀의 결혼, 본인 및 배우자의 직계가족 결혼
- 본인 및 배우자의 직계 존속의 회갑 및 칠순
- 배우자의 사망, 본인 및 배우자의 직계존속의 사망, 본인 배우자의 형제 자매나 조부모의 사망, 자녀의 사망

3) 휴가원의 제출

직원이 휴가를 얻고자 할 경우에는 휴가원을 제출하고 사전에 승인을 얻어야 한다.

(2) 식사 제공

뷰티 살롱의 직원들에게 근무시간에 따라 1식 및 2식을 제공하되, 급여에 1식 비용을 산출하여 근무일수에 따라 지급할 수도 있다.

(3) 직원의 경조비 지급

① **축의금** : 본인의 결혼, 형제자매의 결혼, 부모회갑 또는 칠순, 출산

② **조의금** : 본인/배우자의 사망, 본인 및 배우자의 형제자매의 사망, 자녀의 사망

(4) 복리후생 규정집(예시)

임금 및 복리후생 규정
제1장 총칙
제1조(목적) 이 규정은 뷰티 사업장 직원의 급여와 복리후생 규정을 정함을 목적으로 한다.
제2장 임금 지급
제2조(임금의 구분) 임금이라 함은 기본급, 상여금, 성과금을 말한다. **제3조(임금 지급일)** 임금은 월 1회 지급하며 그 지급일은 뷰티 사업장의 임금 지급 방침에 따른다.
제3장 임금 계산
제4조(임금 계산) 임금은 기본급 + 성과급으로 하며 지급 계산일은 매월 1일로 한다. **제5조(신규 채용)** 신규 채용자의 임금은 채용일로부터 근무한 날을 다음달 1일에 계산한다. **제6조(기본급)** 기본급은 매니저, 팀장, 직원, 인턴으로 구분하여 뷰티 사업장의 정해진 임금지급 방침에 따른다. **제7조(성과급)** 직원의 경우 월 매출 000만 원 이상일 경우 개인 매출의 00%를 성과급으로 지급한다.
제4장 복리후생
제8조(식대 지급) 뷰티 사업장은 직원들에게 식대를 제공함을 원칙으로 하되, 식사는 중식의 경우와 야근의 경우 해당된다. **제9조(경조비 지급)** 뷰티 사업장의 근무규정에 정한 바에 따른다.

과제 및 토론

1. 뷰티살롱 인사 규정을 정하여 직원을 채용하는 방법에 대해 토론해 보시오.

2. 살롱 경영을 위하여 직원에게 정기적으로 진행해야 할 서비스 교육, 기술 교육, 경영 교육은 어떤 것이 있는지 토론해 보시오.

3. 고객 배려를 위한 직원의 개인 용모 및 위생, 예절 교육을 위한 프로그램을 만들어 보시오.

4. 직원의 자기 개발을 위한 비전에 대해 토론해 보시오.

Financial Management & Inventory Control

Chapter 12

재무 및 재고관리

1. 재무관리
2. 제품 재고관리

과제 및 토론

Chapter 12 재무 및 재고관리

경영의 핵심은 이윤 창출에 있다. 아무리 좋은 아이템을 가지고 마음이 맞는 직원들과 함께 살롱을 운영하고 있다 할지라도 이윤 창출이 되지 않으면 살롱을 유지하기란 결코 쉽지 않다.

다양한 사업 분야에서 뷰티 시장을 접목하기 시작하면서, 이제는 동종업계뿐만 아니라 유사 업종과도 경쟁해야 하는 현실에서 미래 경영 환경을 예측하고 여기에 적절한 경영 계획 및 경영관리능력을 갖추는 것이 중요하며, 특히 경영을 성공적으로 수행하려면 경영주는 수익 지출에 대한 회계 및 재무관리를 이해하고 수행하는 능력을 반드시 갖추어야 한다.

경영주의 재무관리능력은 뷰티 살롱을 경영하기 위한 필수 요소 중의 하나로서 직원들에게는 고용인으로서의 불안감과 경영주에 대한 불신감을 줄일 수 있고, 경영주에게 있어서는 살롱의 수익구조를 정확히 파악하고 분배하여 불안한 미래를 위해 미리 준비하는 자세를 길러 줄 수 있다.

SECTION 1 재무관리

재무관리는 뷰티 살롱의 영업계획이나 현재의 영업 상태를 그대로 반영하고 있기 때문에 다양한 정보에 입각한 자료를 토대로 운영하여야 한다.

재무관리는 살롱의 마케팅, 기술 및 서비스 교육, 직원 관리 및 복리후생과 연관성이 많으며 각각의 기능들이 충분히 경영주의 생각대로 발휘될 수 있도록 해주는 역할을 하기도 한다.

1. 이익의 다양한 의미

이익의 용어 정의는 다양하게 표현되는데 정리하면 다음과 같다.

(1) 총이익

매출액에서 매출 원가를 뺀 것을 이야기한다. 매출액이란 뷰티 살롱에서 일정기간 판매한 총량이다.

매출 총이익 = 매출액 − 매출 원가

(2) 순이익

매출액에서 매출 원가 · 판매비 · 관리비 등을 빼고 여기에 영업외 수익과 비용, 특별이익과 손실을 가감한 후 세금을 뺀 것을 이야기한다.

순이익 = 경상이익 − 세금

(3) 영업이익

뷰티살롱에서 일정 기간 동안 수익이 창출한 매출액에서 판매비를 빼면 매출 총이익이 나오는데 여기에 관리비를 빼면 영업이익이 나온다.

영업이익 = 총이익 − 판매비 − 관리비

(4) 경상이익

영업이익에서 영업외수익을 더하고 영업외비용을 빼면 경상수익이 나온다.

경상이익 = 영업이익 + (영업외수익 − 영업외비용)

따라서 뷰티 살롱에서 이익 측정의 척도는 순이익이라고 할 수 있으며 월별 기준으로 매출이 지난달보다 많이 발생하더라도 상대적으로 지출이 많았다면 그 달의 경우 이익은 감소할 수 있다.

2. 재무계획

예산으로 표현되는 재무계획은 미래에 발생할 수 있는 재무 변동 가능성을 다양한 자료와 분석을 통하여 미리 예측하고 그에 맞춘 수입과 지출의 계획으로 즉흥적이고 불필요한 지출이 발생하지 않도록 사전에 막아 계획적인 예산을 세울 수 있도록 해준다.

(1) 수입 계획

뷰티 살롱에서 예측할 수 있는 수입 계획은 에스테틱 살롱의 경우 테크닉과 서비스를 포함한 프로그램 판매를 통한 수입을 비롯하여 화장품 관련 물품의 판매를 통한 수입으로 나눌 수 있다.

(2) 지출 계획

뷰티 살롱에서 예측할 수 있는 지출 계획은 1개월 기준으로 지출되는 계획을 세우는 것이 좋으며 크게 고정지출과 변동지출로 나눌 수 있다.

① 고정지출

지정된 시기나 일자에 고정적으로 지출되는 비용을 이야기한다.

임대료, 관리비, 일부의 세금, 인건비, 복리후생비(4대보험, 식대 등), 투자비에 대한 감가상각비 등

② 변동지출 (유동지출)

매달 혹은 분기별로 일정액이 아닌 변화되는 지출비용을 이야기한다.

광고비, 홍보비, 인테리어 수리비, 화장품 재료구입, 미용기기 렌탈비, 직원 성과금, 일부의 세금 등

3. 손익분기점

살롱을 오픈하여 일정 기간 운영함에 있어 손익분기점을 분석하는 것이 중요한데 손익분기점이란 매출액이 총비용과 일치되어 손실도 이익도 발생하지 않는 교차점을 이야기한다. 뷰티살롱의 경영주는 손익분기점 분석을 통하여 총비용, 매출액, 이익관계를 파악할 수 있는 장점이 있다.

정확한 손익분기점을 체크하기 위하여 작성하는 것을 손익계산서라고 한다. 손

익계산서란 일정한 영업 기간(분기) 동안 수입과 지출에 관하여 정확하고 상세하게 기록하고 설명한 재무제표를 의미한다. 즉, 일정 기간의 영업 활동과 경영 성과를 정확히 보여주는 보고서로서 정해진 일정 기간의 수입과 지출을 수치로 표시하여 경영성과의 판단과 경영지침에 대한 자료를 획득할 수 있는 중요한 재정 보고서 중의 하나이다.

손익계산서는 경영분석의 기초 자료로 단기의 경영 성과와 수익력을 판단할 수 있는 정보를 제공한다.

손익계산서는 수익과 비용을 상세히 표시하고 양자를 비교하여 순 손익을 계산함으로써 순 손익의 발생 과정과 수익력을 명백히 한다.

4. 손익계산서(예시)

( )월 손익계산서								
년 월 일								
계 정 과 목	전 월		당 월		누 계		당년목표	
	차변	대변	차변	대변	차변	대변	차변	대변
매 출 액								
매출원가								
매출 총 이익								
판매비와 일반관리비								
영업이익								
영업외이익								
영업외비용								
순 이 익								

SECTION 2 제품 재고관리

1. 제품판매의 중요성

뷰티 살롱을 찾는 고객들에게 제품을 판매함으로써, 살롱의 매출 증대는 물론이고 현재 고객들이 가지고 있는 미용상의 문제점을 파악하고 고객의 피부 타입이나 헤어 및 두피 타입 또는 손톱의 건강 등을 바탕으로 전문적이고 기능성이 부합된 화장품을 전문가적 소견을 가지고 고객 개개인에게 가장 적합한 제품으로 추천해 줌으로써 고객이 가지고 있는 현재의 문제점을 개선하고 예방할 수 있다. 또한 제품을 구매한 고객들의 만족을 통하여 판매자와 뷰티 살롱의 신뢰성을 증가시키는 데 중요한 역할을 담당할 수 있다.

뷰티 살롱의 경우 고객이 매일 방문하여 전문가의 시술을 받기에는 현실적으로 어려움이 있기 때문에 전문가의 진단 아래 판매된 화장품은 고객이 가지고 있는 문제점을 개선하고 트리트먼트의 효과를 지속시키는 데 중요한 역할을 한다.

2. 제품 주문의 형태

현재 국내 뷰티살롱의 경우 다양한 방법을 통하여 화장품 및 소품들을 주문할 수 있는데 대표적인 주문 형태는 다음과 같다.

(1) 화장품 제조 판매 및 수입판매 업체

뷰티살롱에서 사용되고 있는 전문 화장품 중 현재 유럽이나 미국 등에서 수입되고 있는 화장품들이 80%를 넘는다. 사업자등록증을 가지고 있는 뷰티 살롱에서는 제조 및 판매를 담당하는 업체나 수입 판매를 담당하고 있는 대표적인 업체의 영업 교육 사원을 통하여 주기적으로 화장품을 구입할 수 있다.

(2) 미용 재료 도·소매업체

뷰티 살롱에서 사용 하고 있는 화장품뿐만 아니라 다양한 소품을 사업자 등록증을 가지고 있는 뷰티 살롱에서는 미용 도매가격으로 제공받을 수 있다.

(3) 인터넷 사이트

요즘 미용 도·소매 업체나 화장품 제조 판매 및 수입 업체는 인터넷 사이트를 운영함으로써 뷰티 살롱에서 쉽게 제품을 주문하고 업체에서는 택배 발송을 통하여 배달하는 시스템을 선호하고 있어 많은 뷰티 살롱들이 사이트 회원 가입으로 쉽게 제품을 공급받을 수 있다.

3. 제품판매 시 주의사항

뷰티 살롱을 찾는 고객에게 화장품이나 기타 제품을 판매함으로써 살롱의 매출이 증대하고, 특히 에스테틱 살롱의 경우 홈 케어 어드바이스와 피부 타입에 맞는 화장품을 사용함으로써 피부 관리의 효과를 상승시킴과 동시에 고객 만족을 실현할 수 있는 다양한 효과가 있다.

그러나 잘못된 제품 판매나 강매는 오히려 살롱의 이미지를 부정적으로 만들어 장기적으로 살롱의 판매를 통한 매출을 감소시키고 고객의 이탈을 촉진할 수 있으므로 효과적인 제품 판매를 위하여 다음과 같은 점을 고려하여야 한다.

① 고객이 원하는 제품을 판매함으로써 고객과의 신뢰성을 구축한다.

② 고객과의 상담을 통해 홈 케어와 생활 습관에 맞는 제품을 권장하고 판매를 촉진한다.

③ 고객이 제품을 구매하기 전 테스터나 샘플을 충분히 활용할 수 있도록 한다.

④ 판매하는 직원들 자신이 제품을 사용해 보고 팔 수 있도록 권장하며, 다양한 관리에서 시도해 볼 수 있도록 직원들이 자유롭게 제품을 사용해 볼 수 있도록 기회를 제공해 준다.

⑤ 판매가 잘 되는 제품의 경우, 소진되어 판매가 미루어지지 않도록 어느 정도의 기본선에서 제품을 주문하여 일정량의 재고를 보유하고 있어야 한다.

⑥ 계절상품이나 성수기에 접어든 제품들은 미리 수량을 확보하여 판매에 지장이 없도록 한다.

⑦ 화장품 제조 판매 및 수입 판매 업체에서 제공하는 이벤트나 판촉물을 적극적으로 활용한다.

4. 제품 재고관리에 필요한 서식(예시)

표 12-1 월 화장품 입출고 현황표

입출고 일자	브랜드명 / 제품명	용 량	수 량	입고가격	출고가격	담당자	비 고
3/15	000/ 0000000	350mL	5	35,000	60,000원		
3/18	000/ 0000000	350mL	1				
/		500mL					
/		150mL					
/		150mL					
/		150mL					

표 12-2 1회 관리 시 사용되는 화장품 원가 계산서

프로그램명 :	/ 관리시간 :		분 / 화장품 1회 사용단가		
브랜드명 / 화장품명	제품회사	용 량	1회 사용량	가 격	1회 단가
000/0000000	000 상사	500mL	5mL	35,000원	350원

표 12-3 화장품 재고 관리표

브랜드명 / 제품명	용 량	전월재고수	금월재고수	총개수
000/0000000	350mL	5	5	5
000/0000000	500mL	2	3	3
000/0000000	150mL	3	2	2
000/0000000	200mL	5	0	0
000/0000000	350mL	3	5	5
000/0000000	200mL	5	5	5
000/0000000	100mL	2	3	3
000/0000000	500mL	0	5	5
000/0000000	350g	5	5	5

표 12-4 소품 재고 관리표

소 품 명	용 량	전월재고수	금월재고수	총개수
해면 볼		7	7	7
고무 볼		3	3	3
플라스틱 볼		7	2	2
소 타월		26	7	7
중 타월		6	6	6
대 타월		6	6	6
터번		4	4	4
스파튤러(소)		7	7	7
스파튤러(대)		5	5	5
팩 붓		7	7	7

과제 및 토론

1. 뷰티살롱에 필요한 물품과 용품의 리스트를 작성하고 관리 방법에 대해 토론해 보세요

2. 뷰티살롱에서 제품 판매를 촉진할 수 있는 다양한 방법에 대하여 토론하고 정리하시오.

3. 제품 판매를 통한 매출 상승 시 판매한 직원들에게 제공할 수 있는 다양한 포상 방법에 대하여 생각하고 정리해 봅시다.

4. 기간별 매출에 따른 손익을 계산하는 다양한 방법에 대해
토론해 보세요.

Beauty Salon Foundation & Business Plan

Chapter 13

뷰티 살롱의 창업과 사업계획

1. 창업의 의미
2. 창업 시 체크 포인트
3. 사업계획서 작성
4. 상권 분석
5. 인테리어
6. 창업에 필요한 법적 서류

과제 및 토론

Chapter 13 뷰티 살롱의 창업과 사업계획

SECTION 1 창업의 의미

창업이란 하고자 하는 사업의 기초를 세우는 것으로 뷰티 사업가로서의 능력을 갖춘 개인이나 단체가 사업 아이디어를 가지고 사업 목표를 세우고 적절한 사업계획에 자본, 인력, 영업장 및 설비, 기자재 등 경영 자원을 확보하여 재화를 생산하거나 또는 용역을 제공하는 기업을 만들어 내는 것을 말한다.

창업을 하기 위해서는 사업 아이템, 경영 마인드, 자본 등과 그 이외에도 여러 가지 요소들이 필요하다. 그러나 이러한 여러 가지 요소들 중에서도 경영자 마인드, 즉 창업자의 자질과 능력이 무엇보다도 중요한 요인이 된다.

1. 성공적인 뷰티 창업자의 특징

① 창업자로서 독립에 대한 강한 욕구와 적극성이 있다.

② 강한 책임 의식과 자기 일에 대한 확신이 있다.

③ 돈에 대한 가치관과 뷰티 시장에 대한 직관력이 뛰어나다.

④ 뷰티 및 동종 업계에 대한 풍부한 경험과 경험을 바탕으로 한 나만의 노하우가 있다.

⑤ 뷰티 산업에 관한 기술력과 창조적 창의적 능력이 뛰어나다.

⑥ 경영에 필요한 조직적 시스템 구축 능력과 조직 구성원을 관리하는 능력이 뛰어나다.

⑦ 분명한 직업관과 미용 직업에 대한 자부심과 성공하고 싶다는 긍정적 욕구가 강하다.

⑧ 미래 환경 변화에 대한 신속한 대처 능력을 가지고 있다.

⑨ 끊임없이 새로운 지식을 습득하고 자기관리 능력 및 자기 계발을 하려는 욕구가 있다.

2. 성공적인 뷰티 창업자의 자세

① 끊임없이 신기술과 새로운 서비스를 개발하여야 한다.
② 창조적인 끼와 감각이 있어야 한다.
③ 일에 대한 성실함, 열정, 고객에 대한 헌신적 서비스 마인드를 갖추어야 한다.
④ 내부 고객인 직원을 만족시킬 수 있는 노하우가 있어야 한다.
⑤ 기존 뷰티 살롱과 확실하고 강력한 차별화가 있어야 한다.
⑥ 남보다 한발 앞서 나아갈 수 있는 미래 지향적인 시안이 있어야 한다.
⑦ 뷰티 시장의 동향과 라이벌 경쟁 조건을 명확히 파악하고 있어야 한다.

SECTION 2 창업 시 체크 포인트

뷰티 살롱 창업 과정은 크게 세 단계로 나누어 볼 수 있다. 첫째는 계획 단계로, 창업의 전반적인 사항에 대한 계획을 수립하는 단계이다. 둘째는 준비 단계로, 계획 단계에서 수립된 사항을 기초로 하여 실행에서 요구되는 구체적인 사항을 확정하는 단계라고 할 수 있다. 셋째는 개점 단계로, 창업 시점과 창업 후 본격적인 영업이 시작되었을 때 필요한 사항들을 준비하는 단계라고 할 수 있다.

1. 계획단계

① 아이템 선정
② 미용사 자격증 및 면허증 취득
③ 사업 형태의 결정
④ 운영 형태의 결정
⑤ 규모의 결정(인력, 평수, 자금)
⑥ 입지의 선정

⑦ 사업 타당성의 분석(시장성, 수익성)
⑧ 사업계획서 작성

2. 준비단계

① 자금의 확보
② 상권 분석 및 상가 점포의 계약
③ 사업계획서 확정
④ 인테리어 계약과 공사
⑤ 상호 및 상표의 로고 결정 (CI)
⑥ 직원 채용 및 배치, 급여, 근무조건 확정
⑦ 운영관리 매뉴얼 작성
⑧ 기구, 비품의 구입
⑨ 화장품, 미용 기계, 소품 리서치 및 구입
⑩ 직원 교육 프로그램 선정 및 근로계약서 작성
⑪ 컴퓨터 프로그램 및 각종 서식 준비
⑫ 프로모션(광고, 판촉), 기획과 발주

3. 개점단계

① 개업식 초대손님 확정 및 초대장 발송
② 미용실 영업 신고서 제출(구청 위생과)
③ 사업자 등록(관할 세무서) : 도장, 신분증, 임대차계약서, 신고필증 첨부
④ 개업 전 교육 훈련
⑤ 인테리어, 시설 마무리
⑥ 화장품 및 미용기계 마무리
⑦ 개업 이벤트 및 기념품 준비
⑧ 운영 시뮬레이션 진행

SECTION 3 사업계획서 작성

1. 사업계획서의 중요성

창업 과정 중 사업계획서의 작성은 뷰티 살롱의 제반 사항, 즉 운영 내용·시장 확보의 가능성과 마케팅 전략·입지조건·내부시설·운영하고자 하는 뷰티 아이템의 향후 수익전망·투자 경제성·창업에 따른 소요자금 규모와 조달 방법 및 대출금등의 상환 계획·조직 및 인적 자원계획 등 창업에 관한 전반적 부분의 사항을 체계적이고 객관적으로 기술한 중요한 자료이다. 따라서 사업 계획서는 창업자 자신을 위해서는 사업 성공의 가능성을 높여 주는 동시에 계획적인 창업을 가능하게 하고 목표 달성에도 지대한 영향을 미친다.

사업 계획서가 주는 의미 및 중요성은 다음과 같다.

① 사업을 체계적으로 준비할 수 있도록 해준다.
② 사업을 빨리 시작하고 싶어 하는 과잉 의욕을 조절하도록 해준다.
③ 그냥 지나치기 쉬운 일들을 잊지 않고 체크하게 해준다.
④ 사업에 대한 미래의 청사진을 예측해 주는 문서이다.
⑤ 다른 사람뿐만 아니라 자기 스스로도 사업에 검토해 볼 수 있는 기회를 준다.
⑥ 사업계획서는 창업을 통해 목적지로 찾아가기 위한 지도이다.
⑦ 창업 시에 올수 있는 시행착오를 줄이고 위기에 대처하게 한다.
⑧ 사업계획서는 사업의 이정표로서 진행 과정을 신중하게 판단하게 한다.

2. 사업계획서 작성 원칙

사업계획서는 창업자 자기와의 약속이면서 동시에 창업자 자신의 의지이다.

사업계획서는 창업하고자 하는 뷰티 사업 아이템의 효율적 개설과 사업의 지속적 성장·발전시키고자 하는 구체적 의지이자 체계적으로 기술한 창업 기술서이다.

이러한 시각에서 사업계획서 작성 시에는 다음과 같은 원칙에 의거하여 작성되어야 한다.

① **사업계획서는 자신감을 바탕으로 작성되어야 한다.** 창업자가 가지고 있는 아이템에 대한 내용을 충분히 이해하고 구체적으로 작성할 필요가 있다. 왜냐하면 창업과정은 복잡하고 불확실성이 내제되어 있기 때문에 세세한 부분까지 충분히 검토해 작성할 필요가 있기 때문이다.

② **사업계획서는 객관성을 유지하여야 한다.** 너무 자신감에 넘쳐 허황하고 실현 불가능한 계획서가 된다면 사업계획서가 가지는 본질적 특성을 가질 수 없다.

③ **자금 조달 및 운영 계획은 정확하고 실현 가능성이 있어야 한다.** 최종 창업비용을 정확히 산정하고 창업자 자신이 조달 가능한 자금과 외부에서 대출 등을 통하여 조달이 가능한 자금을 구분하여 향후 몇 개월 정도의 유지비용까지 구체적으로 산정할 필요가 있다. 창업을 준비하다 보면 예측하지 못한 곳에서 상당한 비용이 발생하는 경우가 많으므로 정확하게 체크하여 준비하는 것이 중요하다.

④ **창업과정에서 발생할 수 있는 문제점과 향후 발생 가능한 위험 요소를 예견하고 분석**하여 예기치 못한 사정으로 인하여 창업이 지연되거나 불가능하게 되지 않도록 다각도에 걸친 체크가 필요하다.

3. 사업계획서 양식(예시)

Ⅰ. 사업의 개요

Ⅰ-1. 사 업 개 념
Ⅰ-2. 사 업 목 적
Ⅰ-3. 기 대 효 과
Ⅰ-4. 사 업 추 진 능 력

Ⅱ. 사업 아이템의 내용

Ⅱ－1. 아이템의 특성

Ⅱ－2. 시장 분석

① 시장의 성격

② 시장의 규모

Ⅱ－3. 자사 분석 (SWOT분석)

① 장점
② 단점
③ 기회
④ 위협

Ⅱ－4. 경쟁업체 분석

Ⅲ. 사업화 추진 계획

Ⅲ－1. 마케팅 계획

Ⅲ－2. 추정손익계산서

내용	0000년도				0000년도				비고
	1/4	2/4	3/4	4/4	1/4	2/4	3/4	4/4	

Ⅲ-3. 소요 자금 및 조달 계획

소요자금			조달계획		
용 도	내 용	금 액	조달방법	기조달액	추가 조달액
운전자금	1개월 운영비 (소모품, A/S비 제외)				
	판촉활동비				
	기 타				
	소 계		소 계		
시설자금	매장보증금		자기자금		
	매장수리비		금융차입		
	부수 용품		기 타		
	기 타				
	소 계		소 계		
합 계			합 계		

Ⅲ-4. 사업 계획 지연 또는 차질시 대안

구 분	대 안
자금 조달	
인력 수급	
고객 유치	
기자재	

SECTION 4 상권 분석

뷰티 살롱을 개원할 위치로 적당한 지역은 유동 인구가 많은 역세권이나 상가의 중간 지역, 특히 아파트 밀집 지역이 좋다. 뷰티 살롱의 창업 선호 지역으로 대학교가 밀집되어 있는 지역도 목이 좋은 곳으로 꼽힌다. 그러나 역세권이나 대학가는 경쟁 업체가 많아 창업 전에 사전 조사를 충분히 해야 하며 또 대학교의 경우 방학 등 시즌별 성수기와 비수기가 나누어지는 단점이 있으므로 장소 선택시 신중한 검토가 필요하다.

대규모 아파트 단지의 상가 내에 입주하는 것도 좋지만 이런 곳은 이미 선점되어 있기 때문에 새로 시작하는 사람에게는 어려운 점이 있고, 신도시에 형성된 아파트 단지는 상당 기간 자금회전에 문제가 발생할 수 있음을 꼭 인지하여야 한다. 창업자 혼자서 소규모로 운영할 경우 주택가 밀집 지역이 좋으나 이럴 경우에는 단골손님 확보에 각별히 신경을 써야 하는 문제점이 발생한다.

1. 상권의 개념

상권은 상가 점포 또는 일정한 상업 집적지가 고객을 동원할 수 있는 범위로 고객의 80% 이상이 거주 혹은 통근하고 있는 지역을 말한다.

구매 빈도가 높은 일용품 등은 도보 10분, 빈도가 낮은 품종은 20분 이내가 상권으로 되는 것이 보통이나 다른 점포나 상업 집적지와의 경합 상황으로 인해 달라진다.

(1) 상권의 중요성

뷰티 살롱의 창업에서 점포를 선정하는 것은 곧 창업이 성공하느냐 실패하느냐를 결정한다고 할 만큼 중요한 절차라고 말할 수 있다. 따라서 점포를 선정하기 위한 전반적인 정보와 지식을 습득하는 것은 중요하다.

① 창업 시 상권 설정 및 상권 파악은 점포 경영에 있어서 가장 기초적인 사항이다.

② 고객의 예상 방문 추정과 예상 매출액 산출의 중요한 기초 자료이다.

③ 판촉활동 범위 결정에 필수적인 자료이다.

④ 지역으로 유입되는 인구의 특성(유동인구, 각종 인구통계지표)은 입지평가의 시발점이자 키포인트이다.

(2) 상권의 특징

일반적 상권이 가지는 본질, 즉 특징은 다음과 같이 말할 수 있다.

① 동일한 직업의 사람들이 모여 있는 지역
② 동일한 목적을 가지고 있는 사람들이 모이는 지역
③ 동일한 수준의 사람들이 모이는 지역
④ 동일한 연령이나 취미를 가지고 있는 사람들이 모이는 지역
⑤ 주거용도의 아파트나 단독주택 등 동일한 소비 형태를 나타내는 사람들이 모이는 지역

(3) 상권의 분류

상권은 매출 구성비 중 의존도가 높은 정도에 따라 1차, 2차, 3차 상권 등으로 구분한다.

표 13-1 상권의 분류

점포 면적	1차 상권	2차 상권	3차 상권
개별 점포	점포 매출 또는 고객의 60% 정도 이상을 점유하는 고객의 거주범위	외곽지역으로 매출 또는 고객수의 30% 정도 이상을 점유하는 고객의 거주범위	외곽지역으로 매출 또는 고객수의 5% 정도 이상을 점유하는 고객의 거주범위
공동 점포	상권 내 소비 수요의 30% 이상을 흡수하고 있는 지역	상권 내 소비 수요의 10% 이상을 흡수하고 있는 지역	상권 내 소비 수요의 5% 이상을 흡수하고 있는 지역

(4) 상권 분석의 조사 항목

상권 분석의 목적은 상권의 범위를 설정하고 그 상권 내 경쟁 상황을 감안하여 궁극적으로는 개설 점포가 얻을 수 있는 매출 규모를 추정해 내는 데 있다. 따라서 다음과 같은 항목의 자료를 얻기 위해 조사 분석이 필요하다.

① **상권의 경쟁 시설물 정보** : 개수, 위치, 규모, 경쟁력, 영업실태, 임대가 등

② **상권 내 행정 통계** : 인구 수, 세대 수, 세대별 소비지출 비용내역, 사업체 수, 종업원 수, 유동인구, 통행객(차량통행량)

③ **설문조사 등에 의한 소비자 형태** : 지역별 고객 분포, 소비단가, 이용 횟수, 시설별 선호도, 지역별 필요시설물

(5) 상권 결정의 요소

상권의 범위는 고정적인 것이 아니고 운영하고자 하는 업종의 종류, 사업장의 규모, 등급, 경영전략, 상권구분의 물리적 요소 등의 복합적 요인에 의해 상황에 따라 결정된다.

1) 업종의 종류

판매업, 서비스업, 외식업

2) 사업장의 규모(Grade) 등급

동일 업종을 영위하는 경우에도 사업장 규모의 대소에 따라, 또 시설의 고급화 정도에 따라 상권은 변동될 수 있다. 대체적으로 사업장 규모가 클수록, 또 시설이 고급일수록, 상권은 넓어진다. 반다로 시설이 작을수록, 또 저급일수록, 상권범위는 좁아진다.

3) 경영전략

사업의 업종 위치와 시설조건이 동일하다고 하더라도 경영자의 경영마인드 및 영업, 판촉 전략에 따라 상권은 크게 확장되기도 하고 축소되기도 한다.

4) 상권구분의 물리적 요소

다음과 같은 요소들이 상권 내에 존재하는 경우 실제 상권은 영향을 받는다.

① **자연지형물** : 산, 하천, 철도, 도로 등은 상권

② **도로 상태** : 도로망의 연계 상태, 도로의 폭, 중앙분리대, 신호등, 건널목 유무 등

③ **중심 방향** : 도심, 역 등 사람들이 모여드는 방향

2. 입지선정의 8원칙

(1) 현재 상권 잠재력의 타당성

한 지역을 설정해서 운영하고자 하는 뷰티 살롱의 소비지출 총액과 경쟁 업체가 점하는 비율을 검토한다.

(2) 상권 접근 가능성

상권 내의 잠재력을 자기 점포에 어느 정도 흡수할 수 있느냐 하는 것은 상가 주변을 통과하는 고객의 가능성에 의존하게 되는데, 그에 따라 업체의 형태를 3가지로 나눌 수 있다.

① **고객 방출형** : 광고, 상품의 독자성 평가, 판매 촉진 수단에 의해서 독자적인 고객을 흡입하는 형태로써 백화점, 대형 마트, 대형 쇼핑몰 등이다.
② **근린점 고객 의존형** : 이 유형은 가까운 상가에 의해 흡입된 고객이 주변의 상가로 구매하러 가는 형태를 말한다.
③ **통행량 의존형** : 쇼핑을 목적으로 하지 않는 통근자나 교통기관 이용자 등이 구매하는 경우이다.

대부분 점포의 매출액은 이러한 3가지 성격의 고객이 혼재되어 있으므로 전체를 고려하여 상가를 선택하는 것이 좋으며, 고객 접점이 용이한 1층에 위치하는 것이 좋다.

(3) 성장 가능성

미래 성장 잠재력을 가지고 있느냐이다. 즉, 인구증가와 소득 수준의 상승이 기대될 수 있는 상권인지를 살펴보아야 한다.

(4) 중간 저지성

주거지, 또는 근무지와 기존부터 있던 경쟁업체, 상가의 중간에 입지하여 고객을 중간에서 저지할 수 있는 입지인가를 살펴보아야 한다.

(5) 누적적 흡인력

같은 종류의 상품을 취급하는 일정 수의 점포는 흩어져 있는 것보다 모여 있는 것이 유리하다. 즉, 중간 저지성의 입지를 선택할 것인지, 누적성을 선택할 것인지 등을 판단해야 한다.

(6) 양립성

보완 관계에 있는 상품을 취급하는 두 개의 점포가 근접해 있는 경우, 양 점포를 이용하는 고객 수도 늘고 판매액도 늘어난다.

(7) 경쟁회피

경쟁점의 입지, 성격, 규모, 형태를 감안하여 입지를 선택하고 매출액을 예측한다. 또한 장래 경쟁점이 들어설 여지도 검토해 보아야 한다.

(8) 경제성

창업에서 상가 보증금 및 임대료에 지출되는 비용은 고정지출금 중에 가장 부담되는 부분이다. 따라서 아무리 좋은 상가라고 해도 너무 무리한 비용을 투자하는 것은 바람직하지 않다. 입지의 비용을 생산성과 관련해서 분석한 후에 선정하여야 한다.

3. 상가선정 시 체크 포인트

(1) 지역 체크

① 하고자 하는 업종의 일탄적 조건이 맞는가?
② 사람들이 얼마나 모이며 유동 인구는 얼마나 되는가?
③ 인근의 상점가나 동종업종, 대형점포 등의 영업 상태는 어떤가?
④ 상권 내의 주거상황과 소득수준 및 세대 수와 인구 수 등은 어떤가?
⑤ 해당 지역의 상권이 성장기인지, 쇠퇴기인지 등을 파악한다.

(2) 수입지출관계 체크

① 경쟁 점포는 어디에 위치하고 있으며, 영업 상태는 어떠한가?
② 예상매출은 어느 정도인가, 이익을 낼 수 있겠는가?
③ 앞으로 고객수가 증가되리라고 기대할 수 있는가?

(3) 점포 조건 체크

① 점포의 폭과 넓이 및 형태는 적당한가?
② 도로에 접해 있는가?
③ 주차장은 있는가, 상품의 수·배송에는 문제가 없겠는가?
④ 인테리어 설비에 문제는 없는가?

(4) 가격의 체크

① 상점이나 상가의 수준에 비교해서 비싸지는 않은가?
② 보증금 및 권리금에 부담은 없는가?
③ 임대료 및 관리비 등이 높지 않은가?

(5) 기존 뷰티 살롱 인수 시 체크 포인트

① 인수하고자 하는 상가가 장래 시장성은 있는가?
② 권리금이 주변시세와 비교해서 적당한가?
③ 주위에 너무 많은 경쟁 점포가 있지는 않은가?
④ 상권의 변화 가능성은 없는가?
⑤ 매매인이 제시하는 매출액과 수익은 믿을 만한가?
⑥ 판매시설에 하자는 없는가?

(6) 뷰티 살롱의 일반적인 입지조건

① 2,000세대 이상의 대규모 아파트 단지나 주택 단지
② 지하철역에서 30m 이내의 지역
③ 버스정류장에서 100m 이내의 지역
④ 버스정류장에 정차하는 버스 노선이 5개 이상인 지역

⑤ 편도 2차선, 삼거리 이상 가로 200m 이내인 지역
⑥ 반경 500m 이내에 동일 업종이 3개 이상 없는 지역
⑦ 인구 이동이 심한 지역인 경우 전입해 오는 추세인 경우
⑧ 고정 인구 2만 명, 고정 세대 5천 세대 이상인 지역
⑨ 기타 업종에 상응하는 시간대별 유동인구 및 주거인구가 부합한 지역 등

(7) 상가선정 시기

상가를 구할 때에는 해당 업종이 비수기일 때 구해서 영업 준비를 한 후 성수기로 진입하려는 회복기에 개점하는 것이 가장 현명하다. 비수기에 점포를 구하는 것은 성수기를 노린다는 의미도 있지만 권리금이나 임차 비용을 줄일 수 있다는 이점도 있으므로 될 수 있으면 비수기에 점포를 구하는 것이 좋다.

(8) 조심해야 하는 상가 유형

상가 선정 시에 다음과 같은 유형의 점포는 꼼꼼히 다시 한 번 확인한 후에 선정하여야 한다.

① **주인이 자주 바뀌는 상가** : 장사가 잘 되는 점포는 주인이 자주 바뀌지 않으므로 주변 사람에게 확인하여 해당 상가의 주인이 자주 바뀌는지를 조사하여야 한다.

② **임대료가 유난히 싼 상가** : 상가의 임대료가 주변 시세에 비해 낮다면 매출에 한계점이 있다. 임대 시세가 낮다면 목이 안 좋거나 특별한 이유가 있고 별다른 이유도 없이 싸다면 더욱 신중히 결정하여야 한다.

③ **맞은편에 상권이 형성되지 않은 상가** : 맞은편에 상가가 형성되지 않은 지역은 대개 대중교통이 비켜가는 지점이거나 상권의 끝 지점일 경우가 많다. 맞은편에 상가가 형성되지 않았다면 사람들을 흡입하는 힘이 약해서 상권의 세력이 약하다.

SECTION 5 뷰티 살롱의 시설 설비

1. 헤어미용실

(1) 시설, 설비기준 (공중위생관리법 시행규칙〈별표1〉 개정 2022. 6. 22.)

- 일반기준(공중위생영업의 종류별 시설 및 설비기준(제2조 관련) 공중위생영업장은 독립된 장소이거나 공중위생영업 외의 용도로 사용되는 시설 및 설비와 분리(벽이나 층 등으로 구분하는 경우를 말한다. 이하 같다) 또는 구획(칸막이 · 커튼 등으로 구분하는 경우를 말한다. 이하 같다)되어야 한다.
- 개별기준에 따르면 제1호에도 불구하고 다음 각 목에 해당하는 경우에는 공중위생영업장을 별도로 분리 또는 구획하지 않아도 되며 법 제2조제1항제5호 각 목에 해당하는 미용업을 2개 이상 함께 하는 경우(해당 미용업자의 명의로 각각 영업신고를 하거나 공동신고를 하는 경우를 포함한다)로서 각각의 영업에 필요한 시설 및 설비기준을 모두 갖추고 있으며, 각각의 시설이 선 · 줄 등으로 서로 구분될 수 있는 경우어야 한다.
- 미용업소내 미용업신고증, 개설자의 면허증원본, 미용요금표를 게시하여야 한다.
- 미용실은 내 · 외부 고객 모두에게 유용한 구조시설 및 설비기준에 의한 시설 및 설비를 갖추어야 하며 업소바닥은 내수재료를 사용해야 한다.
- 미용업소의 입구, 데스크, 고객 대기공간, 시술공간, 샴푸대, 제품준비실, 직원 휴게실 등이 분류하는 것을 권장하며, 화장실(상 · 하수도가 설치되어 있는 지역에 있어서는 수세식 화장실)을 설치하여야 한다. 다만, 동일한 건물안에 공동으로 사용하는 화장실이 있는 경우에는 따로 설치하지 않아도 된다.
- 영업장안은 조명시설을 설치하여야 한다.
- 일반미용업 직무 정의는 파마 · 머리카락자르기 · 머리카락모양내기 · 머리피부손질 · 머리카락염색 · 머리감기, 의료기기나 의약품을 사용하지 아니하는 눈썹손질을 하는 영업을 말한다.

- 화장 · 분장 미용업 직무 정의는 : 얼굴 등 신체의 화장, 분장 및 의료기기나 의약품을 사용하지 아니하는 눈썹손질을 하는 영업을 말한다.
  [시행 2022. 6. 22.] [법률 제18605호, 2021. 12. 21., 일부개정]
- 일반미용업은 프랜차이즈 미용실과 자체 브랜드 및 1인 미용실로 이루어져 있다.
- 폐기물 용기는 내소성이 있는 자재로 뚜껑이 있어야 하며, 건축물 관리 대장에 나타나는 정화조 용도 확인이 필요하다.

(2) 작업실

- 미용기구는 소독을 한 기구와 소독을 하지 아니한 기구를 구분하여 보관할 수 있는 용기를 비치하여야 한다.
- 소독기, 자외선살균기 등 미용기구를 소독하는 장비를 갖추어야 한다.
- 미용업소는 전기, 상하수도, 조명, 온수기, 간판 및 현수막, 환풍기, 냉,난방기, 소화기 등과 같은 각종시설과 설비들이 갖추어져 이어야 한다.
- 미용업소의 시설설비 중 상수도는 깨끗한 수질을 위해 배관상태를 확인하고, 온수사용을 위한 온수기 용량 및 수압 등을 점검해야하며, 특히 헤어의 샴푸대는 내수재료로 하고 배수가 잘 되도록 하여야 한다.
- 미용도구는 가위종류, 빗, 핀셋, 브러시, 로드, 핀 등 미용시술 고객의 머리카락이나 두피에 직접 닿았던 도구는 세균감염의 우려가 있으므로 사용 후 각각 도구의 재질에 맞게 소독하여 정해 높은 위치에 보관해야 한다.
- 미용업소는 미용시술에 필요한 여러 가지 전기 기기(드러이기, 매직기, 아이론, 열기구, 열파마기, 미스트기 등)로 인한 전기 사고가 발생할 수 있으므로 관련전기 안전지식을 갖추고 있어야 한다.
- 미용업소는 배출되는 쓰레기(머리카락, 퍼머넌트 웨이브1제 및 2제 용기, 탈색, 염색, 매니큐어 등 각각의 쓰레기 분리배출을 해야한다.
- 미용업소 환경위생에서 기온 및 습도는 의복에 의해 체온을 조절할 수 있는 기온의 범위는 10~26℃정도이며 습도는 40~70%이며, 퍼머넌트 웨이브나 탈색,염색,매니큐어 같은 시술에 적당한 온도는 15~25℃정도로 냉 · 난방기를 적절히 사용하여 온도를 조절해야 한다.
- 소방안전을 위해 스프링클러와 소화기 등을 주기적으로 점검하고, 가스장금

장치와 인화성물질 등을 수시로 확인하며, 비상구 안내 표지를 부탁하는 등 방화 관리자의 의무사항을 준수해야 하며, 안전사고를 대비하여 각종 배상 보험에 가입하는 것을 권한다.

- CCTV를 설치할 경우 그 목적과 촬영범위 등을 명시하여 미용업소의 내외부에 안내문을 부착해야 한다.
- 미용업소 내의 모든 제품은 공장 출하 시 사용된 용기에 그대로 보관하는 것이 원칙이나 부득이하게 다른 용기에 보관해야 할 경우 제품명과 구입 시기 등 유의사항을 라벨로 표기해야 하며, 위험물은 반드시 별도로 보관해야 한다.

헤어미용실

미용실데스크 및 상담

(3) 인테리어 시 포인트와 주의사항

미용실의 인테리어는 경쟁점과 차별화를 이루고 보다 많은 고객유치를 통한 매출증대와 작업의 편리성 및 능률성 제고를 위한 공간을 목적에 따라 적절한 기능과 형태, 활용에 맞게 공간의 가치를 극대화해야 한다.

- 디스플레이(제품 진열장)은 고객들이 상품을 직접 집어보고, 만져보고, 읽을 수 있어야 하며 고객의 관심을 끌 수 있는 곳에 전시하고 고가의 특별상품을 판매한다면 열쇠가 달린 진열장에 전시하되 직원 가까이 설치해야 한다.
- 샴푸실 의자와 길이, 넓이의 간격과 작업대 가까이 두어 손님의 동선을 최대한 줄여 편안함을 제공한다.
- 창문은 전시공간을 활용하고 현관은 미용실의 이름을 알리하는 것이 좋으며, 고객이 열기 쉽고 가능하다면 양방향으로 모두 열리는 문이 좋다.
- 거울은 미용실이 더욱 커보이게 하고 다른 전시 또한 크게 부각시키는 것이 좋으나, 규모에 비해 무리한 경대의 배치는 작업동선의 축소와 다른 공간 균형감각의 문제로 매출증대에 어려움이 발생할 수 있다.
- 미용실의 수납공간, 세탁, 약품과 비품의 보관과 관리, 직원의 휴식 등을 위해 필수적이 공간을 확보하는 것이 좋으며, 미용실의 쾌적성과 직원의 능률성을 높이기 위한 인테리어를 허야한다.
- 대기실 의자는 일정한 온도를 전해 주는 우아한 것으로 미용실 내부장식에 맞게 내구성이 좋고 불연성 및 방수 제품으로 구입해야하며, 디자이너가 능률적으로 일할 수 있어야 하며 고객에게 편안 함을 주어야 한다.
- 작업장 의자는 건조덮개를 포함하여 앞뒤 폭이 75cm, 가로 60cm폭에 시트는 바닥에서 45~50cm정도의 높이로 청소와 보수유지가 쉬워야하며 커버는 가죽, 인조, 또는 고품질의 합성수지가 좋은 것으로 편안하게 앉을 수 있는 정도의 크기여야 한다.
- 미용실 바닥 커버는 타일과 카펫이 주로 사용되며, 화학제품에 반응하여 얼룩이 묻지 않고 청소하기 쉬워야 한다.
- 작업거울, 작업대, 휴게실, 중화대, 샴푸실, 마무리 손질 작업대는 편안함과 시술할 때 고객에게 서비스를 잘 할 수 있도록 이동공간 배치를 잘해야 한다.

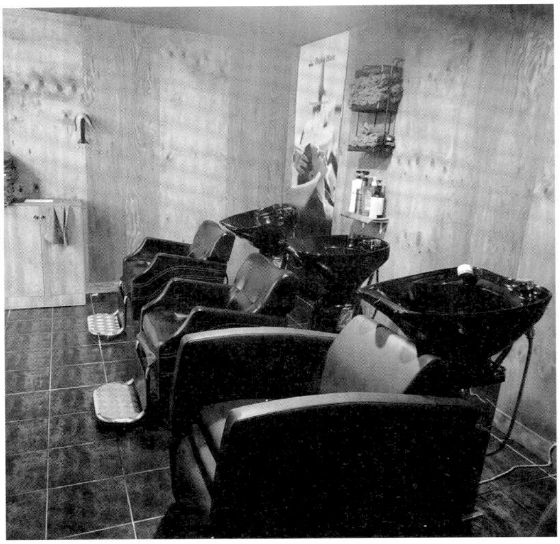

작업장(샴푸대)

작업장

고객대기실

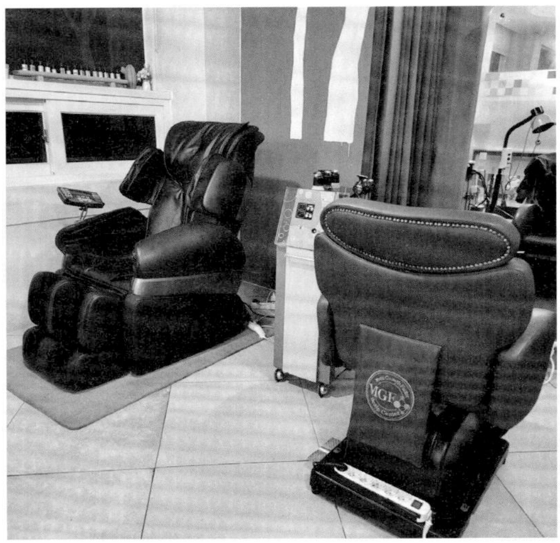

두피케어실

2. 피부미용실

(1) 시설, 설비기준

1) 피부미용실의 구조

피부미용실 바닥은 내수(耐水)재료를 사용해야 하며, 업소 바닥 면적은 최소 10m²이상 되어야 한다.

작업 현태에 따라 피부미용 작업실, 상담실, 휴게실, 탕비실, 스파 · 샤워실, 화장실, 파우더룸, 락카룸 등이 설치되어야 한다.

2) 작업실

- 피부미용 작업실, 상담실, 휴게실 등을 분리하기 위해 칸막이를 설치 할수 있으나, 설치된 칸막이에 출입문이 있는 경우 출입문의 3분의 1 이상을 투명하게 하여야 한다. (단 탈의실의 경우는 예외)
- 피부미용 작업실 내에 베드와 베드 사이에는 칸막이를 설치할 수 있으나 설치된 칸막이에 출입문이 있는 경우 그 출입문의 3분의 1 이상은 투명하게 하여야 한다.
- 자외선 소독기 등 미용 기구를 소독하는 장비를 반드시 갖추어야 하고, 기타 설비는 피부미용실 허가기준의 시설 및 설비의 조건을 갖추어야 한다.
- 피부미용 작업실에는 소독을 한 기구와 소독을 하지 아니한 기구를 구분하여 보관 할 수 있는 용기를 비치하여야 한다.
- 피부미용 작업실은 법적으로 75룩스 이상의 밝기를 유지하여야 하며 위치에 따라 직, 간접조명 시설을 설치하여야 한다.
- 고객이 관리를 받는 동안 춥거나 덥지 않도록 냉난방기를 설치하며 바람이 닿는 위치를 고려하여 설치한다.
- 피부미용실의 스파 및 샤워 시설은 내수성이 있는 재료로 설비하고 수압이 좋고 배수가 잘 되도록 하여야 한다.
- 채광 및 통풍이 잘 되도록 건물 내 창을 살려 인테리어 하는 것이 좋으나 시설의 구조상창의 설치가 곤란한 경우에는 실내 각 작업장 별로 인공 환기 시설 등을 설치하여 환기가 잘 되도록 하여야 한다.

3) 화장실 및 스파·샤워실

피부미용실은 경우에 따라 화장실(상 · 하수도가 설치되어 있는 지역에 있어서는 수세식 화장실)과 스파 · 샤워실을 설치하여야 한다.

화장실의 경우 냄새가 나지 않도록 상 하수도 등이 별도 구비되어 있어야 하며 매일 청소하여 최상의 청결과 위생 상태를 유지하며 책임자를 지정하여 청결 상태나 비품 등이 떨어지지 않도록 수시로 체크하는 것이 좋다.

스파 · 샤워실의 경우 냉 온수의 설치와 수압 등의 문제가 생기지 않도록 설비하는 것이 중요하며, 타일 바닥에 화장품 등이 묻어 미끄러운 경우 낙상 등의 위험한 상황이 발생 될 수 있으므로 책임자를 지정하여 수시로 체크하고 청소하도록 한다.

다만, 동일한 건물 안에 공동으로 사용하는 화장실이 있는 경우에는 따로 설치하지 않아도 되지만 피부미용은 탈의가 이루어지는 작업인 만큼 실내에 설치하는 것을 권장한다.

4) 기타 시설

- 고객을 맞이하는 안내 데스크, 고객이 잠시 쉬거나 대기하는 휴게실, 고객과 상담을 진행하는 독립 공간인 상담실 등이 설치되어야 한다.
- 고객의 의복이나 귀중품을 보관하는 락카룸, 시술 이후 간단히 머리나 메이크업을 손질할 수 있는 파우더룸을 설치한다. - 제품이나 소품 등을 정리하고 작업을 준비하는 탕비실, 직원들이 휴식을 취할 수 있는 스텝실 등을 설치한다.
- 기타 이외의 피부미용실 프로그램에 따라 추가적 공간을 설치 할 수 있다.

(2) 인테리어 시 포인트와 주의사항

우선 피부미용실은 인테리어 시 서비스와 관리가 동시에 이루어져야 하는 가장 편안한 환경을 만들어주는 것이 중요하다. 또한 고급스러운 이미지의 인테리어는 고객으로 하여금 서비스의 가격 수준이나 서비스 수준을 가늠하게 하는 척도가 될 수 있으며 직원들 또한 서비스의 마음 자세와 고객에 대한 접객 태도를 변화시켜 줄 수 있다.

인테리어를 진행하기에 앞서 다음과 같은 몇 가지 포인트를 체크 하여야 한다.

① 인테리어를 통하여 살롱의 분위기를 상품화 하여야 한다.
② 인테리어를 통하여 살롱의 이미지(Store Identification)를 만들어야 한다.

- 현관문, 안내 데스크, 제품 진열장, 휴게실, 파우더룸
- 작업실의 형태와 갯수, 기자재 비치
- 상담실, 탕비실, 스탭실, 화장실, 스파 · 샤워실 등의 위치
- 각 공간의 냉, 난방 시설 및 위치
- 각 공간의 음향 및 조명 시설

③ 인테리어 견적 의뢰 시에는 피부미용실을 전문적으로 설비하는 인테리어 업체 2~3곳에 의뢰하여 견적을 비교하여 선택하는 것이 좋다.
④ 대부분 상가 건물은 계약 만료 시 내부 인테리어를 원상복구 하여야 하기 때문에 처음 인테리어나 중간에 시설 변경 시 이점을 인지하여 신중을 기하여 진행하는 것이 좋다.
⑤ 간판의 경우 간단하고 명확하면서도 눈에 잘 띄는 색을 사용하는 것이 좋으며, 보는 사람에게 호감을 줄 수 있는 색을 선택하는 것이 좋다. 피부미용실의 경우 푸른 톤의 한색 계열보다는 붉은 톤의 난색 계열을 사용하는 것이 고객의 시선을 끌기에는 좀 더 효과적이다.
⑥ 조명은 직접 조명과 간접 조명, 그리고 포인트 조명등을 적재적소에 배치 함으로서 고객의 상품 구매 의욕을 자극하고, 충분한 휴식과 서비스를 제공받을 수 있도록 하여야하며, 피부미용 작업실의 경우 조도기를 설치하여 고객이 관리 중에 편히 휴식을 취할 수 있도록 하는 것이 좋다.

3. 네일미용실

(1) 시설, 설비기준

- 네일샵의 창업은 건축물 용도가 제1종 근린생활시설인 건축물에서만 가능하다.

- 네일샵 영업을 하려는 사람은 점포를 구할 때 구청 또는 정부24(www.gov.kr/portal)에서 건축물관리대장을 발급받아 영업행위가 가능한 건축물인지를 반드시 확인하고 계약을 체결해야 한다.
- 네일샵의 영업신고에 따른 시설 및 설비기준은 공중위생관리법 제3조 제1항에 따른다.
- 네일샵의 창업은 프랜차이즈 창업과 독립창업으로 나눌 수 있다.
- 네일미용업은 손톱과 발톱을 손질 · 화장하는 영업을 말한다.
- 미용사(네일) 면허를 받은 사람만이 네일 샵을 개설하거나 그 업무에 종사할 수 있다.
- 네일 미용업자(양수인 · 승계인 포함. 이하 같음)는 (사)대한네일미용업중앙회(www.knta.org)에서 매년 3시간의 위생교육을 받아야 한다.
- 네일 미용업자 중 영업에 직접 종사하지 않거나 둘 이상의 장소에서 영업을 하는 사람은 종업원 중 영업장별로 공중위생에 관련한 책임자를 지정하고 그 책임자로 하여금 위생교육을 받게 해야 한다.

네일미용실

(2) 인테리어 시 포인트와 주의사항

네일 미용실은 인테리어 시 서비스와 관리가 동시에 이루어져야 하는 가장 편안한 환경을 만들어주는 것이 중요하다.

인테리어 공사 시 중요사항은 다음과 같다.

① 천장, 벽, 붙박이 가구, 카운터 등의 공사 상황에 대한 체크
② 미용설비에 적합한 공사가 마무리 되었는지 체크
③ 위생시설에 해당하므로 상하수도 공사와 화장실 설비가 적합한지 체크
④ 냉온방 기기 공사와 배관 및 위치선정이 적합한지 체크
⑤ 네일미용 연계된 장비를 사용하므로 전기공사에서 배선과 전등의 용량이 충분한지 체크
⑥ 물을 사용하는 작업장이므로 방수, 미장, 타일, 유리, 도배, 커튼, 바닥 공사에 문제가 없는지 체크
⑦ 외부 조형물에 해당하는 부분은 간판공사와 고객의 방문이 쉽도록 안내하는 외부 및 내부 안내판과 메뉴 등이 잘 비치되었는지 체크

손톱관리 작업장

발톱관리 작업장

SECTION 6 창업에 필요한 법적 서류

1. 미용사 면허증(예시)

제 2018 견본 호

미 용 사 면 허 증

성　　명:

생년월일:

직　　종: 미용사 (피부)

공중위생관리법 제6조 및 같은 법 시행규칙 제9조제4항에 따라 위와같이 면허증을 발급합니다

2019년 02월 12일

서울특별시 종로구청장

미용사(피부) 면허증

제 2018 **견본** 호

미 용 사 면 허 증

성　　명:

생년월일:

직　　종: 미용사(일반), 미용사(피부), 미용사(네일), 미용사(메이크업)

공중위생관리법 제6조 및 같은 법 시행규칙 제9조제4항에 따라 위와같이 면허증을 발급합니다

2019년 02월 12일

서울특별시 종로구청장

미용사(일반), 미용사(피부), 미용사(네일), 미용사(메이크업) 면허증

2. 영업신고증(예시)

공중위생업을 하고자 하는 자는 공중위생영업의 종류별로 보건복지부령이 정하는 시설 및 설비를 갖추고 시장, 군수, 구청장에게 신고하여야 한다.

GANGNAM

제 2013- 0106200 호

영 업 신 고 증

대 표 자 : 생 년 월 일 :

영업소명칭 :

소 재 지 :

영업장면적 :

영업의종류 : 일반미용업 영업의형태: 일반미용업

조 건 : 공중위생관리법 제3조 및 동법 시행규칙 제7조에 규정된 준수사항을 이행하고 기타 신고권자의 지시사항을 이행해야함.

공중위생관리법 제3조제1항 및 같은 법 시행규칙 제3조 제1항에 따라 영업의 신고를 하였음을 증명합니다.

2022년 04월 06일

강 남 구 청 장

※영업소 폐업시 폐업신고 미이행에 따른 면허세 부과등 불이익을 받지 아니하도록 강남구보건소 위생과 (02-3423-7094~7)로 반드시 폐업신고를 하시기 바라며, 아울러 음식물류 폐기물 다량배출사업장(200㎡이상 등)은 청소행정과(02-3423-5983)로 문의바랍니다.

영업신고증 : 영업신고 증은 본인의 이름으로 계약된 업장이 있고 위생교육필 증이 있어야 한다. 영업신고 증은 관할 구청에서 만들어준다.

GANGNAM

제 2013- 0106200 호

영업신고증

대 표 자 : 생 년 월 일 :

영업소명칭 :

소 재 지 :

영업장면적 :

영업의종류 : 미용업(종합) 영업의형태 : 미용업(종합)

업무가능범위: 미용업(일반), 미용업(피부), 미용업(손톱 · 발톱), 미용업(화장 · 분장)

조 건 : 공중위생관리법 제4조 및 같은 법 시행규칙 제7조에 규정된 준수사항을 이행하고 기타 신고권자의 지시사항을 이행해야 함.

공중위생관리법 제3조 제1항 및 같은 법 시행규칙 제3조 제1항에 따라 영업의 신고를 하였음을 증명합니다.

2022년 04월 06일

강 남 구 청 장

※영업소 폐업시 폐업신고 미이행에 따른 면허세 부과등 불이익을 받지 아니하도록 강남구보건소 위생과(02-3423-7094~7)로 반드시 폐업신고를 하시기 바라며, 아울러 음식물류 폐기물 다량배출사업장(200㎡이상 등)은 청소행정과(02-3423-5983)로 문의바랍니다.

영업신고증 : 영업신고 증은 본인의 이름으로 계약된 업장이 있고 위생교육필 증이 있어야 한다. 영업신고 증은 관할 구청에서 만들어준다.

3. 부동산 임대차 계약서(예시)

부 동 산 임 대 차 계 약 서

☐ 전세 ☐ 월세

임대인과 임차인 쌍방은 아래 표시 부동산에 관하여 다음 계약내용과 같이 임대차계약을 체결한다.

1.부동산의 표시

소 재 지				
토 지	지 목		면 적	㎡
건 물	구조·용도		면 적	㎡
임대할부분			면 적	㎡

2. 계약내용

제 1 조 (목적) 위 부동산의 임대차에 한하여 임대인과 임차인은 합의에 의하여 임차보증금 및 차임을 아래와 같이 지불하기로 한다.

보 증 금	금 원정 (₩)
계 약 금	금 원정은 계약시에 지불하고 영수함. 영수자(㊞)
중 도 금	금 원정은 년 월 일에 지불하며
잔 금	금 원정은 년 월 일에 지불한다.
차 임	금 원정은 (선불로 · 후불로) 매월 일에 지불한다.

제 2조 (**존속기간**) 임대인은 위 부동산을 임대차 목적대로 사용·수익할 수 있는 상태로 ______년______월______일까지 임차인에게 인도하며, 임대차 기간은 인도일로부터 ______년______월______일까지로 한다.

제 3조 (**용도변경 및 전대 등**) 임차인은 임대인의 동의없이 위 부동산의 용도나 구조를 변경하거나 전대·임차권 양도 또는 담보제공을 하지 못하며 임대차 목적 이외의 용도로 사용할 수 없다.

제 4조 (**계약의 해지**) 임차인의 차임연체액이 2기의 차임액에 달하거나 제3조를 위반하였을 때 임대인은 즉시 본 계약을 해지 할 수 있다.

제 5조 (**계약의 종료**) 임대차계약이 종료된 경우에 임차인은 위 부동산을 원상으로 회복하여 임대인에게 반환한다. 이러한 경우 임대인은 보증금을 임차인에게 반환하고, 연체 임대료 또는 손해배상금이 있을 때는 이들을 제하고 그 잔액을 반환한다.

제 6조 (**계약의 해제**) 임차인이 임대인에게 중도금(중도금이 없을때는 잔금)을 지불하기 전까지, 임대인은 계약금의 배액을 상환하고, 임차인은 계약금을 포기하고 본 계약을 해제할 수 있다.

제 7조 (**채무불이행과 손해배상**) 임대인 또는 임차인이 본 계약상의 내용에 대하여 불이행이 있을 경우 그 상대방은 불이행한 자에 대하여 서면으로 최고하고 계약을 해제 할 수 있다. 그리고 계약 당사자는 계약해제에 따른 손해배상을 각각 상대방에 대하여 청구할 수 있다.

제 8조 (**중개수수료**) 중개업자는 임대인과 임차인이 본 계약을 불이행 함으로 인한 책임을 지지 않는다. 또한, 중개수수료는 본 계약체결과 동시에 계약 당사자 쌍방이 각각 지불하며, 중개업자의 고의나 과실없이 본 계약이 무효·취소 또는 해제되어도 중개수수료는 지급한다. 공동중개인 경우에 임대인과 임차인은 자신이 중개 의뢰한 중개업자에게 각각 중개수수료를 지급한다.(중개수수료는 거래가액의 ______%로 한다.)

제 9 조 (**중개대상물확인·설명서 교부 등**)중개업자는 중개대상물 확인·설명서를 작성하고 업무보증관계증서(공제증서 등) 사본을 첨부하여 계약체결과 동시에 거래당사자 쌍방에게 교부한다.

특약사항

본 계약을 증명하기 위하여 계약 당사자가 이의 없음을 확인하고 각각 서명·날인 후 임대인, 임차인 및 중개업자는 매장마다 간인하여야 하며, 각각 1통씩 보관한다.

년 월 일

임대인	주 소						㊞
	주민등록번호		전 화		성 명		
	대 리 인	주 소	주민등록번호		성 명		
임차인	주 소						㊞
	주민등록번호		전 화		성 명		
	대 리 인	주 소	주민등록번호		성 명		

중개업자	사무소소재지		사무소소재지	
	사 무 소 명 칭		사 무 소 명 칭	
	대 표	서명및날인 ㊞	대 표	서명및날인 ㊞
	등 록 번 호	전화	등 록 번 호	전화
	소속공인중개사	서명및날인 ㊞	소속공인중개사	서명및날인 ㊞

KAR 한국공인중개사협회

4. 사업자 등록증(예시)

국세청
nts.go.kr

사 업 자 등 록 증

(간이과세자)

등록번호 :

법인명(단체명) :

대 표 자 :

개 업 연 월 일 :

사업장 소재지 :

본 점 소 재 지 :

사 업 의 종 류 : 업태 개인서비스업 종목 미용업(두피, 헤어)

발 급 사 유 :

사업자 단위 과세 적용사업자 여부 : 여( ) 부( ) (적용일자: 2019년 12월 24일)

전자세금계산서 전용 전자우편주소 :

2020 년 01 월 17 일

북 부 산 세 무 서 장

국세청 National Tax Service

국세청
nts.go.kr

사 업 자 등 록 증

(일반과세자)

등록번호 :

법인명(단체명) :
대 표 자 :

개 업 연 월 일 :
사업장 소재지 :

본 점 소 재 지 :

사 업 의 종 류 : 업태 서비스업 종목 피부관리
소매업 화장품
서비스업 화장품 컨설팅

발 급 사 유 :

NATIONAL TAX SERVICE REPUBLIC OF KOREA
국세청

사업자 단위 과세 적용사업자 여부 : 여( ) 부( ) (적용일자: 2019년 12월 24일)
전자세금계산서 전용 전자우편주소 :

2020 년 01 월 17 일

북 부 산 세 무 서 장

국세청 National Tax Service

국세청
nts.go.kr

사 업 자 등 록 증

(일반과세자)

등록번호 :

법인명(단체명) :
대 표 자 :

개 업 연 월 일 :
사업장 소재지 :

본 점 소 재 지 :

사 업 의 종 류 : 업태 서비스업 종목 미용업(종합)

발 급 사 유 :

사업자 단위 과세 적용사업자 여부 : 여( ) 부( ) (적용일자: 2019년 12월 24일)
전자세금계산서 전용 전자우편주소 :

2020 년 01 월 17 일

북 부 산 세 무 서 장

국세청

5. 위생교육 수료증(예시)

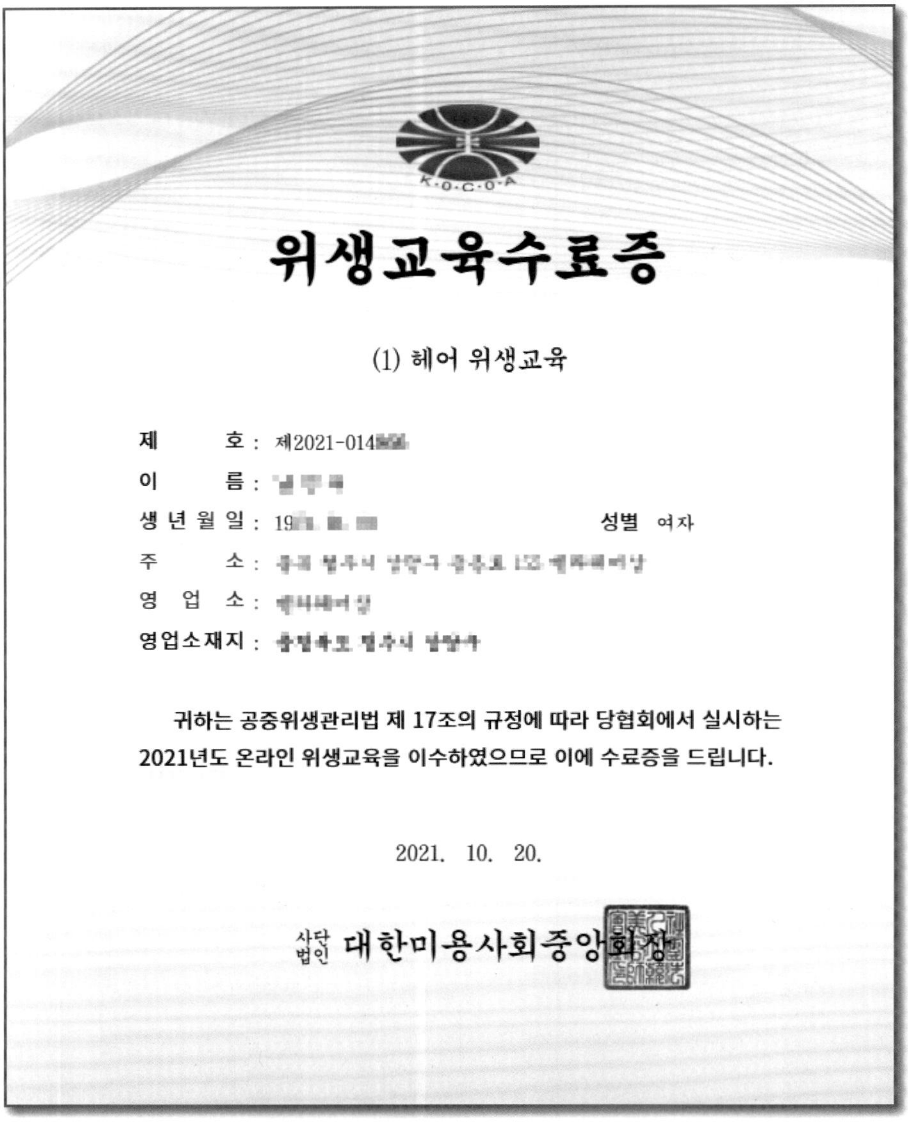

K·O·C·O·A

위생교육수료증

(1) 헤어 위생교육

제　　호 : 제2021-014[illegible]

이　　름 : [illegible]

생 년 월 일 : 19[illegible]　　성별 여자

주　　소 : [illegible]

영 업 소 : [illegible]

영업소재지 : [illegible]

귀하는 공중위생관리법 제 17조의 규정에 따라 당협회에서 실시하는 2021년도 온라인 위생교육을 이수하였으므로 이에 수료증을 드립니다.

2021. 10. 20.

사단법인 대한미용사회중앙회장

제 C2017 - 5476 호

위생교육수료증

성　　명 :
생년월일 :
업 소 명 :
영업소재지 :

귀하는 공중위생관리법 제17조의 규정에 따라 우리법인 중앙회에서 실시하는 2022년도 위생교육을 이수하였으므로 이에 수료증을 수여합니다.

사단법인 한국피부미용사회 중앙회장

과제 및 토론

1. 뷰티살롱을 창업에 필요한 상권 조사 및 정보 (서적이나 학술, 인터넷 등) 리서치 방법에 대해여 토론하시오.

2. 자신이 창업하고자 하는 뷰티살롱의 인테리어를 직접 설계하여 보시오(인터넷 및 잡지, 웹 검색 및 참고문헌을 찾아서 스크랩도 가능).

3. 뷰티살롱 경쟁력 강화를 위한 홈페이지나 블러그 등을 기획하여 발표해 보세요.

4. 나의 직무에 맞는 창업 계획서를 작성하여 보세요.

National Competency Standards

Chapter 14

NSC 미용경영 관련 분야 요약

※ 2022년 기준

1. 국가직무능력표준 직무명 헤어미용
2. 국가직무능력표준 직무명 피부미용
3. 국가직무능력표준 직무명 네일미용
4. 국가직무능력표준 직무명 메이크업

National Competency Standards

Chapter 14 NCS 미용경영 관련 분야 요약

SECTION 1 국가직무능력표준 직무명 헤어미용(2022년 기준)

분류번호	1201010151_21v5
능력단위 명칭	미용업 홍보관리
능력단위 정의	미용업 홍보관리란 영업 활성화를 목적으로 마케팅을 계획하여 SNS 활동 및 미용업소 내 · 외부에 홍보하고 그에 따른 성과를 분석하는 능력이다. 미용업 홍보관리란 미용업의 홍보활동 관리 시스템을 구축하여 홍보를 계획하고 실행을 통해 나타난 마케팅 성과를 관리하는 능력이다.

능력단위 요소 (세부항목)	수행준거 (세세항목)
1201010151_21v5.1 미용업 홍보활동 계획하기	1.1 마케팅 환경분석에 필요한 자료를 수집할 수 있다. 1.2 홍보대상을 정하고 홍보계획안을 수립할 수 있다. 1.3 홍보에 사용할 콘텐츠 제작을 기획할 수 있다.
	[지식] • 마케팅과 홍보에 대한 지식 • 마케팅 환경 분석에 관한 지식 • 홍보 계획안 수립에 대한 지식 • 콘텐츠 제작 기획에 대한 지식
	[기술] • 마케팅 환경 분석 능력 • 홍보 계획안 수립 능력 • 콘텐츠 제작기획 능력
	[태도] • 마케팅 계획에 관한 전략적 사고 • 마케팅 환경분석에 대한 객관적인 판단 • 마케팅 및 홍보활동 참여에 대한 적극적 자세
1201010151_21v5.2 미용업 홍보활동 실행하기	2.1 홍보계획안에 따라 제작한 홍보물을 SNS 등 다양한 매체를 통해 홍보할 수 있다. 2.2 홍보활동에 대한 마케팅 성과 등 홍보결과를 수집할 수 있다. 2.3 홍보결과를 기반으로 차기 진행할 홍보활동을 계획하고 실행할 수 있다.

능력단위 요소 (세부항목)	수 행 준 거 (세세항목)
	[지식] • 홍보물 제작에 관한 지식 • 홍보 매체의 종류 및 활용에 관한 지식 • 마케팅 성과 및 홍보결과 수집에 대한 지식 • 홍보결과 분석에 대한 지식
	[기술] • 홍보물 제작능력 • 홍보 매체의 종류 및 활용 능력 • 마케팅 성과 및 홍보결과 수집능력 • 홍보결과 분석능력
	[태도] • 홍보물 제작에 필요한 전략적 사고 • 다양한 홍보 매체의 적극적 활용 • 홍보결과에 대한 수용과 개선의지

분 류 번 호	1201010153_21v5
능력단위 명칭	미용업 재무관리
능력단위 정의	미용업 재무관리란 미용업소 운영에 필요한 자금의 조달과 수입 및 지출 등을 관리하여 투자 등과 같은 재무활동을 관리하는 능력이다.

능력단위 요소 (세부항목)	수 행 준 거 (세세항목)
1201010153_21v5.1 미용업 재무관리 계획하기	1.1 영업 활동 시 발생하는 매출액과 지출액의 항목을 분류할 수 있다. 1.2 분류 항목을 기반으로 영업 활동과 관련된 자금의 흐름을 파악할 수 있다. 1.3 자금 흐름의 적절성을 평가할 수 있는 재무제표를 작성할 수 있다.
	[지식] • 매출액별 항목 분류에 관한 지식 • 지출액별 항목 분류에 관한 지식 • 소상공인 및 법인 재무제표 지식 • 손익계산 산출법 • 각종 세법 및 금융정보에 관한 지식 • 매출대비 인건비의 적정 비율 산정법 • 매출대비 고정비의 적정 비율 산정법

능력단위 요소 (세부항목)	수 행 준 거 (세세항목)
	[기술] • 매출액 및 지출액 항목별 분류능력 • 소상공인 및 법인 재무제표 작성능력 • 손익계산서 계정과목별 현황파악능력 • 매출대비 인건비의 적정 비율 산정능력 • 매출대비 고정비의 적정 비율 산정능력
	[태도] • 투명한 재무관리를 위해 노력하는 자세 • 예산 수립과 결산 집행에 신중한 태도 • 손익계산에 따른 전략적 사고의지 • 고용비용 및 지출을 절감하려는 자세 • 납세의무에 대한 성실한 태도
1201010153_21v5.2 미용업 재무관리 실행하기	2.1 재무상황을 기반으로 재무관리 성과를 평가할 수 있다. 2.2 재무제표를 근거로 경영상 의사결정을 할 수 있다.
	[지식] • 재무제표 분석에 관한 지식 • 경영상 의사결정에 관한 지식 • 경영자금 상태 분석 방법 • 각종 세금관련 정보 • 재무상황 성과 평가기법
	[기술] • 재무제표 분석력 • 경영상 의사결정 능력 • 경영자금 상태 분석력 • 각종 세금관련 정보력 • 재무상황 성과 평가력 • 예산집행 능력 • 경영자금 상태 분석 능력 • 재무 상황의 문제점 도출 능력 • 재무 프로그램 활용 능력
	[태도] • 투명한 재무관리를 위해 노력하는 자세 • 예산 수립과 결산 집행에 신중한 태도 • 손익계산에 따른 전략적 사고의지 • 지출을 절감하려는 자세 • 납세의무에 대한 성실한 태도

분 류 번 호	1201010170_21v5
능력단위 명칭	미용업 고객관리
능력단위 정의	미용업 고객관리란 미용업소에 방문한 고객 및 잠재 고객의 정보를 수집하고 분석한 결과를 기반으로 고객의 불만요소를 제거하고 재방문 및 브랜드 충성도를 높이기 위한 방안을 제시하는 능력이다.

능력단위 요소 (세부항목)	수 행 준 거 (세세항목)
1201010170_21v5.1 미용업 고객정보 분석하기	1.1 개인정보보호 관련 법령 등에 따라 고객 동의하에 고객정보를 수집할 수 있다. 1.2 수집된 정보를 다양한 기준으로 분류할 수 있다. 1.3 분류기준에 따라 고객들의 미용서비스에 대한 성향 및 요구를 분석할 수 있다.
	[지식] • 개인정보보호 관련 법령 • 고객정보DB 수집 방법 • 문서작성과 전산 및 통계결과 도출방법 • 분류기준에 따른 고객들의 요구도 도출방법 • 서비스 마케팅에 관련 지식
	[기술] • 고객정보DB 수집 능력 • 컴퓨터 활용과 정보검색 능력 • 고객정보DB 활용 능력 • 문서작성과 전산 및 통계결과 분석능력
	[태도] • 정확한 고객정보 수집을 위해 노력하는 태도 • 수집한 고객정보를 정확하게 분석하는 자세 • 고객의 개인정보가 유출되지 않도록 주의하는 자세
1201010170_21v5.2 미용업 고객불만정보 관리하기	2.1 고객불만의 요소를 확인하여 요구사항을 파악할 수 있다. 2.2 고객불만의 요소를 확인하여 요구사항을 파악할 수 있다. 2.3 고객불만 관리 매뉴얼을 적용할 수 있다. 2.4 고객에게 불만처리가 진행되는 과정을 안내하여 반응을 확인할 수 있다.

능력단위 요소 (세부항목)	수 행 준 거 (세세항목)
	[지식] • 고객 불만의 종류에 관한 지식 • 불만고객 응대방법 • 고객 불만의 원인에 대한 지식 • 불만고객의 요구사항에 대한 지식 • 불만고객의 보상 심리에 관한 지식 • 미용분야 분쟁별 해결기준에 대한 지식 • 불만고객 보상방안에 관한 지식 • 고객 불만처리 매뉴얼에 관한 지식 • 불만처리결과 확인방법 • 고객 불만처리결과 정리 방법 • 고객 불만 사항별 원인파악에 필요한 지식 • 불만고객 발생방지대책 수립에 필요한 지식 • 불만고객 발생방지대책 수립에 필요한 지식
	[기술] • 고객의 불만 원인을 파악하는 능력 • 불만고객의 의견을 수용하는 능력 • 불만고객의 요구에 응대하는 능력 • 불만고객의 요구와 보상에 대한 협상 능력 • 고객정보DB 활용 능력 • 고객정보DB 활용 능력 • 고객정보DB 활용 능력 • 고객과의 커뮤니케이션 능력 • 불만고객과 협상하는 능력 • 고객 불만의 처리과정을 알리는 능력 • 불만처리결과 확인 능력 • 고객 불만처리결과 정리 능력 • 고객 불만별 원인분석능력
	[태도] • 불만고객을 정중하고 신속하게 응대하는 태도 • 불만고객의 요구를 적극적으로 경청하는 자세 • 불만고객의 요구를 수용하려는 태도 • 불만고객의 문제를 해결하려는 자세 • 고객의 불만 사항에 공감하려는 자세 • 고객과의 신뢰감 형성을 위해 노력하는 자세 • 고객의 요구사항을 파악하여 신속하게 응대하는 태도 • 불만고객의 상황을 공감하려는 태도 • 고객의 불만을 적극적으로 해결하려는 자세 • 고객 불만 발생을 근본적으로 방지하려는 자세

능력단위 요소 (세부항목)	수 행 준 거 (세세항목)
1201010170_21v5.3 미용업 고객정보 활용하기	3.1 서비스품질 향상을 위해 조사한 고객 만족도 DB를 관리할 수 있다. 3.2 담당 헤어디자이너에게 고객의 만족도를 정리하여 전달할 수 있다. 3.3 고객에게 재방문 시기를 안내할 수 있다. 3.4 고객의 정보를 활용하여 매뉴얼의 변경 재설계를 할 수 있다. 3.5 고객의 정보를 활용하여 미용사의 접객을 점검할 수 있다.
	[지식] • 개인정보보호 관련 법령 • 고객정보DB의 분류와 활용 및 관리방법 • 문서작성과 전산 및 통계에 관련 지식
	[기술] • 고객정보DB 관리 능력 • 컴퓨터와 고객관리 프로그램 활용 능력
	[태도] • 정확한 고객정보 관리를 위해 고객정보를 업데이트하려는 노력 • 고객정보DB 보안유지를 위해 노력하는 자세

분 류 번 호	1201010171_21v5
능력단위 명칭	미용업 교육관리
능력단위 정의	미용업 교육관리란 미용 종사자들의 직무능력 향상에 필요한 교육훈련과정을 기획, 개발, 실행하여 그 결과를 기반으로 미용업소의 인적자원을 효율적으로 관리하는 능력이다.

능력단위 요소 (세부항목)	수 행 준 거 (세세항목)
1201010171_21v5.1 미용업 교육훈련과정 기획하기	1.1 미용업에 필요한 교육과정을 직무별, 직책별로 조사할 수 있다. 1.2 미용업에 필요한 기술, 제품, 지식, 자세 등 분야별 교육과정을 조사할 수 있다. 1.3 사전 조사 결과에 따라 미용업소에 필요한 장 · 단기 교육과정을 기획할 수 있다. 1.4 미용업소 직원들의 경력개발경로에 따른 다양한 교육과정을 계획할 수 있다.
	[지식] • 미용분야 직무별 교육과정에 관한 지식 • 미용분야 직책별 교육과정에 관한 지식 • 미용분야 직책별 교육과정에 관한 지식

능력단위 요소 (세부항목)	수 행 준 거 (세세항목)
	[기술] • 미용분야 직무별, 직책별 교육과정 분류 능력 • 미용분야 직원들이 원하는 교육과정 조사 능력 • 경력개발을 위한 다양한 교육과정 기획 능력 • 장단기 교육과정 계획 수립 능력 • 직원 교육 설계와 훈련 및 평가 능력 • 문서작성 능력
	[태도] • 개인의 특성을 고려한 융통성 있는 태도 • 직원들의 의견을 적극적으로 수용하려는 노력 • 상대방을 배려하려는 언행을 실천하려는 자세
1201010171_21v5.2 미용업 교육훈련과정 개발하기	2.1 미용업에 필요한 교육과정을 직무별, 직책별로 개발할 수 있다. 2.2 미용업에 필요한 기술, 제품, 지식, 자세 등 분야별 교육과정을 개발할 수 있다. 2.3 미용업소의 교육 기획안에 기반하여 장·단기교육과정을 개발할 수 있다. 2.4 미용업소 구성원별 경력개발경로에 따른 교육과정을 개발할 수 있다.
	[지식] • 미용교육과정 개발에 대한 지식 • 교육기획안에 기반한 교육과정 개발에 대한 지식 • 미용종사자 경력개발경로 개발에 대한 지식
	[기술] • 미용교육과정 개발 능력 • 교육기획안에 기반한 교육과정 개발능력 • 미용종사자 경력개발경로를 기반으로한 교육과정 개발능력 • 교육과정 개발에 필요한 문서작성 능력
	[태도] • 교육과정 개발에 대한 책임감 • 창의적인 교육과정개발 의지 • 다양한 환경에 기반한 교육개발에 대한 의지
1201010171_21v5.3 미용업 교육훈련과정 실행하기	3.1 교육과정 실행에 필요한 준비사항과 준비물 체크리스트를 작성할 수 있다. 3.2 교육과정 대상 및 강사를 선정하고 섭외할 수 있다. 3.3 교육과정 대상자에게 사전 준비사항 및 필요조건 등을 안내할 수 있다. 3.4 교육과정 모니터링을 통해 다양한 개선점을 도출하여 보고서를 작성할 수 있다.

능력단위 요소 (세부항목)	수 행 준 거 (세세항목)
	[지식] • 교육과정 실행을 위한 체크리스트 작성법 • 교육과정 대상 및 강사 매칭 노하우 • 교육과정 모니터링 결과 분석 • 교육과정 모니터링 분석 결과 보고서 작성법
	[기술] • 체크리스트 작성 능력 • 교육과정 대상 및 강사 매칭 능력 • 교육과정 모니터링 결과 분석 능력 • 교육과정 모니터링 분석 결과 보고서 작성 능력
	[태도] • 교육대상자 및 강사와의 친밀한 소통 의지 • 객관적인 보고서 작성 의지
1201010171_21v5.4 미용업 교육훈련과정 활용하기	4.1 교육훈련과정별 결과를 분석할 수 있다. 4.2 개인 및 조직의 주기별 교육훈련과정에 대한 결과를 비교하여 직무·영업역량의 변화를 분석할 수 있다. 4.3 교육훈련과정의 결과를 기반으로 미용업소 운영전략 수립에 반영할 수 있다. 4.4 교육훈련과정의 결과를 기반으로 인사고과에 반영할 수 있다.
	[지식] • 교육훈련과정 결과 분석 방법 • 교육훈련결과와 직무역량 변화와의 관계 분석 방법 • 직무역량변화에 따른 인사관리 방법
	[기술] • 교육훈련과정 결과 분석 능력 • 교육훈련결과와 직무역량 변화와의 관계 분석 능력 • 직무역량변화에 따른 인사관리 능력
	[태도] • 교육 관리와 평가 시 공정한 자세 • 공과 사를 구별하는 인사관리 의지

SECTION 2 국가직무능력표준 직무명 피부미용(2022년 기준)

분 류 번 호	1201010211_19v3
능력단위 명칭	피부미용 샵 경영관리
능력단위 정의	피부미용 샵 경영관리는 경영원칙인 최소경비에 최대흑자 개념을 이해하고 수익창출을 위해 효율적인 마케팅을 기획하며, 고객관리에 충실하고자 직원을 관리하고 정보를 수집하여 프로그램을 개발함으로써 경제원칙을 거두고자 하는 능력이다.

능력단위 요소 (세부항목)	수 행 준 거 (세세항목)
1201010211_19v3.1 샵 마케팅 기획하기	1.1 샵 주변 상권의 경제, 정보를 분석할 수 있다. 1.2 샵의 강점을 살려 마케팅에 관련된 홍보물을 제작 할 수 있다. 1.3 온 · 오프라인매체를 활용하여 샵을 홍보할 수 있다. 1.4 작업장에 필요한 물품과 용품을 관리하고 운영계획을 수립할 수 있다. 1.5 수립한 계획에 대한 만족도 및 샵 인지도를 조사할 수 있다. 1.6 기간별로 매출에 따른 손익을 경영분석 할 수 있다.
	[지식] • 홍보 디자인 이론 • 인터넷과 정보 • 상담심리 이론 • 샵 경영 및 마케팅 이론
	[기술] • 홍보디자인 제작능력 • 상담 능력 • 화술과 매너능력 • 정보수집 및 관리능력 • 인사관리능력 • 고객관리능력 • 아이템관리능력
	[태도] • 고객에게 믿음을 주는 진실한 태도 • 과대광고 문구를 사용 하지 않도록 노력하는 태도 • 메뉴 개발을 표현하는 적극적인 태도 • 경영흑자를 위한 매출 기획 관리 등을 위해 노력하는 태도
1201010211_19v3.2 프로그램 개발하기	2.1 유형별 피부상태를 파악하여 적합한 피부관리 상품을 기획할 수 있다. 2.2 유형별 제품을 선정하여 차별화된 프로그램을 개발할 수 있다. 2.3 피부개선도에 따라 피부관리 상품 교체를 추천할 수 있다.

능력단위 요소 (세부항목)	수 행 준 거 (세세항목)
	[지식] • 화장품학 • 피부관리학 • 프로그램 기획
	[기술] • 상품기획 능력 • 프로그램 개발 능력 • 상담능력 • 화장품 성분 분별 능력
	[태도] • 피부유형별 제품선택을 관리하는 태도 • 고객의 환경변화를 관리하는 태도
1201010211_19v3.3 정보수집관리하기	3.1 관련된 서적 및 정보지, 학술, 기기 제품 세미나, 인터넷 등 정보를 탐색할 수 있다. 3.2 수집된 정보를 분석하여 목적에 따라 분류를 할 수 있다. 3.3 분류된 정보를 구분하여 다양한 방법으로 활용하도록 관리 할 수 있다.
	[지식] • 피부관리학 • 인터넷과 정보
	[기술] • 외국어 해독 및 구사 능력 • 피부관리 기법 능력 • 정보수집 및 분류 능력
	[태도] • 업계의 새로운 신기술을 익히려는 적극적 태도 • 정기적인 교육에 참여하려는 진취적 태도
1201010211_19v3.4 직원관리하기	4.1 샵 경영규정에 의하여 직원을 채용할 수 있다. 4.2 고객만족을 위하여 직원에게 서비스교육을 할 수 있다. 4.3 고객을 배려하는 용모와 예절교육을 할 수 있다. 4.4 샵 경영을 위해 정기적으로 직원교육을 할 수 있다. 4.5 직원의 자기개발을 위한 비전을 제시할 수 있다.
	[지식] • 대화기법과 매너 이론 • 상담이론 • 고용관리법

능력단위 요소 (세부항목)	수 행 준 거 (세세항목)
	[기술] • 직원서비스교육 능력 • 조직관리능력 • 자기개발 비전 제시 능력
	[태도] • 팀웍의 탄성을 유지하려는 태도 • 비전을 제시하여 직원의 사기를 높이려는 긍정적 태도 • 최고의 직장을 유지하도록 노력하는 태도

SECTION 3 국가직무능력표준 직무명 네일미용(2022년 기준)

분 류 번 호	1201010432_16v3
능력단위 명칭	네일미용업 재무관리
능력단위 정의	네일미용업 재무관리란 네일숍 운영에 필요한 자금의 조달과 수입과 지출 계획, 효율적인 운용 · 관리로 금전적 가치를 증대시키는 업무를 관리하는 능력이다.

능력단위 요소 (세부항목)	수 행 준 거 (세세항목)
1201010432_16v3.1 재무관리 계획하기	1.1 예산을 효율적으로 계획할 수 있다. 1.2 효율적으로 인건비를 계획할 수 있다. 1.3 네일숍 운영을 위한 손익분기점을 계획할 수 있다. 1.4 세입 지출관리대장을 활용할 수 있다.
	[지식] • 각종 세법 및 금융에 대한 개념 • 손익계산에 관한 개념 • 매출대비 인건비의 적정 비율 산정 원리 • 매출대비 인건비 외 비용관리 개념 • 영업 매출 DB관리 개념

능력단위 요소 (세부항목)	수 행 준 거 (세세항목)
	[기술] • 손익계산서 계정과목별 현황파악 능력 • 적정원가 산출 능력 • 예산수립 능력 • 영업매출관리 운영프로그램 사용 능력
	[태도] • 투명한 재무관리를 위해 노력하는 자세 • 예산 수립과 결산 집행에 신중한 태도 • 손익계산에 따른 전략적 사고의 의지 • 지출을 절감하려는 자세 • 납세의무에 대한 성실한 태도
1201010432_16v3.2 재무관리 실행하기	2.1 예산서를 근거로 예산을 집행할 수 있다. 2.2 직원의 인센티브를 정확하게 산출할 수 있다. 2.3 네일숍의 매출원가 산출을 통해서 숍의 손익분기점을 계산할 수 있다. 2.4 합리적이며 정확하게 세금을 신고할 수 있다.
	[지식] • 각종 세법 및 금융에 대한 개념 • 손익계산에 관한 개념 • 매출대비 인건비의 적정 비율 산정 원리 • 매출대비 인건비 외 비용관리 개념 • 영업 매출 DB관리 개념
	[기술] • 손익계산서 계정과목별 현황파악 능력 • 적정원가 산출 능력 • 예산수립 능력 • 영업매출관리 운영프로그램 사용 능력
	[태도] • 투명한 재무관리를 위해 노력하는 자세 • 예산 수립과 결산 집행에 신중한 태도 • 손익계산에 따른 전략적 사고의 의지 • 지출을 절감하려는 자세 • 납세의무에 대한 성실한 태도
1201010432_16v3.3 재무관리 평가하기	3.1 재무보고의 목적에 따라 필요한 재무정보를 파악할 수 있다. 3.2 재무관리에 대한 보고서를 작성할 수 있다. 3.3 재무상황의 파악하여 효율적인 개선안을 수립할 수 있다. 3.4 재무 계획 수립 시 자금의 흐름을 분석하고 운영계획을 수립할 수 있다.

능력단위 요소 (세부항목)	수행준거 (세세항목)
	[지식] • 재무정보 분석 개념 • 네일숍 가치 평가에 대한 원리 • 재무관리를 위한 보고 원리
	[기술] • 재무정보를 분석할 수 있는 능력 • 기업 가치 평가에 관한 능력 • 재무정보 보고서 작성 능력 • 재무문제 발생 시 대처 및 개선안 수립 능력 • 자금 흐름을 분석하고 자금계획을 수립할 수 있는 능력
	[태도] • 재무 보고 및 재무 보고서의 목적 및 내용에 대해 이해하려는 자세 • 네일숍 내부, 외부에 대한 이해 및 각종 거래에 관한 이해하려는 • 태도 • 재무보고 작성에 대한 성실성, 정확하게 하려는 자세 • 재무 문제에 대한 적극적으로 해결하려는 자세

분류번호	1201010433_16v3
능력단위 명칭	네일미용업 인사관리
능력단위 정의	네일미용업 인사관리란 직원 개인 능력을 최대한 발휘할 수 있도록 인적자원을 효율적으로 운용하는 능력이다.

능력단위 요소 (세부항목)	수행준거 (세세항목)
1201010433_16v3.1 인사관리 계획하기	1.1 직무분석을 통해 직원의 적정 인원과 배치에 대한 계획할 수 있다. 1.2 직원 인사를 위한 근무 규정을 만들어 계획할 수 있다. 1.3 직원 인사의 필요성과 시기를 판단하여 계획할 수 있다.
	[지식] • 인사관리 이론 • 노무관리 이론 • 직무분석 이론 • 산업재해보상과 각종 보험제도에 대한 개념

능력단위 요소 (세부항목)	수 행 준 거 (세세항목)
	[기술] • 인사관리 규정 작성과 운영 능력 • 직원과 의사소통하는 능력 • 인적자원 관리기술 • 리더십을 발휘하는 능력 • 문서작성능력 • 근무 평정 규정 작성 능력
	[태도] • 인사관리와 업무평가의 공정한 자세 • 리더십을 적극적으로 발휘하는 자세 • 개인의 특성을 고려한 융통성 있는 태도 • 직원들의 의견을 적극적으로 수용하려는 노력 • 윤리적인 언행을 실천하려는 의지
1201010433_16v3.2 인사관리 실행하기	2.1 네일숍에서 필요한 조건에 맞는 직원을 채용할 수 있다. 2.2 신규 채용 예정자와 근로 조건을 협상한 후 근로 계약서를 체결할 수 있다. 2.3 직원의 업무를 능력에 따라 조정할 수 있다. 2.4 적절한 보상과 동기부여를 통하여 업무의 성과를 효율적으로 실행할 수 있다.
	[지식] • 인사관리 이론 • 노무관리 이론 • 직무분석 이론 • 산업재해보상과 각종 보험제도에 대한 개념 • 근로계약법규 • 산업재해보상과 각종 보험제도에 관한 지식
	[기술] • 직원의 업무수행 파악 능력 • 적절한 업무배정 능력 • 리더십을 발휘하는 능력 • 새로운 기술을 교육할 수 있는 능력
	[태도] • 직원들과의 소통을 위해 노력하는 자세 • 개인의 특성을 고려한 융통성 있는 태도 • 인격적인 언행을 실천하려는 의지
1201010433_16v3.3 인사관리 평가하기	3.1 직원의 직무 수행에서의 성과나 실적 등 업적을 평가할 수 있다. 3.2 직원의 근면성, 적극성, 규율엄수, 문제해결 능력 등을 평가할 수 있다. 3.3 인사관리 평가에 필요한 양식 및 기준을 문서화할 수 있다.

능력단위 요소 (세부항목)	수 행 준 거 (세세항목)
	[지식] • 인사관리 이론 • 노무관리 이론 • 직무분석 이론 • 조직관리를 위한 승급제도에 대한 개념
	[기술] • 직원의 업무수행 평가 능력 • 직원과의 소통 능력 • 인사관리를 위한 구성원의 특성 파악 능력 • 조직관리를 위한 필요인원 파악 및 확보 능력
	[태도] • 공정한 업무 수행평가를 하려는 자세 • 직원들과의 소통을 위해 노력하는 자세 • 개인의 특성을 고려한 융통성 있는 태도 • 성과관리 시스템에 대한 이해 • 인사규정에 대한 이해

분 류 번 호	1201010434_16v3
능력단위 명칭	네일미용업 홍보관리
능력단위 정의	네일미용업 홍보관리란 네일숍을 알리기 위해 홈페이지, 블로그, SNS 활동과 같은 홍보활동을 관리하는 능력이다.

능력단위 요소 (세부항목)	수 행 준 거 (세세항목)
1201010434_16v3.1 홍보관리 계획하기	1.1 네일숍 주변 상권과 고객 DB를 분석할 수 있다. 1.2 설문조사를 통하여 네일숍 상품과 판매제품의 호응을 분석할 수 있다. 1.3 사례 분석 결과를 근거로 고객의 욕구를 파악하여 홍보 활동을 계획할 수 있다.
	[지식] • 네일숍 광고 개념 • 상권분석 이론 • 서비스 마케팅 이론
	[기술] • 상권분석 능력 • 홍보기획안 작성 능력 • 홍보 관련 외부 업체 선정 활용 능력

능력단위 요소 (세부항목)	수 행 준 거 (세세항목)
	[태도] • 브랜드이미지를 정확하게 인식하려는 의지 • 홍보를 위한 정보수집에 적극적인 태도 • 고객의 요구파악을 위해 주의 깊게 관찰하는 자세
1201010434_16v3.2 홍보관리 실행하기	2.1 고객 DB를 이용하여 신규 프로모션을 기획하여 홍보를 할 수 있다. 2.2 홈페이지, 블로그, SNS를 활용하여 홍보할 수 있다. 2.3 네일숍 내 · 외부에 홍보물을 제작하여 홍보할 수 있다.
	[지식] • SNS활용에 대한 개념 • DM 제작 필요성의 개념 • POP작성에 대한 개념 • 판매촉진 이론 • 텔레마케팅 이론 • 개인정보 보호법규
	[기술] • SNS 활용 능력 • DM 제작 능력 • POP 작성 능력 • 홍보대체 활용 능력 • 텔레마케팅 활용 능력 • 홍보관련 외부업체 활용 능력
	[태도] • 홍보 매체의 트렌드 변화를 적극적으로 수용하려는 자세 • 네일숍의 트렌드의 변화를 이해하고 적극적으로 반영하려는 자세 • 네일숍의 수익 창출을 위해 노력하는 자세
1201010434_16v3.3 홍보관리 평가하기	3.1 네일숍에서 실행한 다양한 이벤트, 홈페이지, 블로그 등 SNS마케팅의 정보를 양적으로 평가할 수 있다. 3.2 타깃 고객의 선호도, 행동변화, 매출 증가, 시장 점유율 변화 등 영향력의 효과를 평가할 수 있다. 3.3 목표 달성을 기준으로 보도 매체 발행부수, 방문객 수, 홍보관리 내용 분석, 전화문의, 경제적 가치 등을 파악하여 평가할 수 있다.
	[지식] • SNS활용에 대한 개념 • DM 제작 필요성의 개념 • POP작성에 대한 개념 • 판매촉진 이론 • 텔레마케팅 이론 • 개인정보 보호법규

능력단위 요소 (세부항목)	수 행 준 거 (세세항목)
	[기술] • 매체 모니터링 능력 • 조사 및 분석 능력 • 보고서를 작성 능력 • 홍보 전략을 분석 능력
	[태도] • 소비자의 요구를 분석하려는 적극적인 자세 • 홍보 관리의 중요성을 인지하는 자세 • 변화하는 트렌드에 맞는 홍보 전략을 수용하려는 자세

분 류 번 호	1201010435_16v3
능력단위 명칭	네일미용업 재고관리
능력단위 정의	네일미용업 재고관리란 네일숍에 사용되는 제품, 재료, 기구, 소모품의 재고량을 준비하기 위해 제품의 구매와 입출고를 관리하는 능력이다.

능력단위 요소 (세부항목)	수 행 준 거 (세세항목)
1201010435_16v3.1 재고관리 계획하기	1.1 네일숍에 필요한 작업 제품 리스트를 작성할 수 있다. 1.2 네일숍의 시판 제품의 리스트를 작성할 수 있다. 1.3 작성된 리스트 품목의 제품을 구매 계획할 수 있다.
	[지식] • 재고관리 이론 • 경제적 구매량에 관한 개념
	[기술] • 제품 리스트 작성 능력 • 제품 입출고 수량 파악 능력 • 재고관리 능력
	[태도] • 제품 입 · 출고 수량을 정확하게 파악하려는 의지 • 제품을 경제적으로 구매하려는 노력 • 주인의식을 갖고 솔선수범하는 자세 • 정직하며 도덕적인 태도

능력단위 요소 (세부항목)	수 행 준 거 (세세항목)
1201010435_16v3.2 재고관리 실행하기	2.1 네일숍에서 필요한 물품의 입 · 출고를 확인하여 최저물품 2.2 재고량보다 부족한 물품을 주문 · 구매할 수 있다. 2.3 제품의 상태를 고려하여 제품 교환 및 반품할 수 있다. 2.4 재고관리 목표를 설정하여 적정 재고관리를 할 수 있다.
	[지식] • 재고관리 이론 • 경제적 구매량에 관한 개념
	[기술] • 판매 촉진을 위한 제품의 진열 능력 • 적정 재고 산출 능력 • 제품의 매입 시기를 적절하게 파악하는 능력 • 제품을 경제적으로 구매하는 능력 • 컴퓨터 활용 능력
	[태도] • 재고조사의 중요성을 인지하는 자세 • 제품 입 · 출고 수량을 정확하게 파악하려는 의지 • 제품을 경제적으로 구매하려는 노력 • 주인의식을 갖고 솔선수범하는 자세 • 정직하며 도덕적인 태도

분 류 번 호	1201010446_16v1
능력단위 명칭	네일미용업 직무교육
능력단위 정의	네일미용업 직무교육이란 직원의 직무역량 개발, 직무 수행, 직무 성취도 평가를 통해 직원들의 직무를 교육하는 능력이다.

능력단위 요소 (세부항목)	수 행 준 거 (세세항목)
1201010446_16v1.1 직원 직무역량 개발하기	1.1 네일숍에 필요한 직원의 직무내용을 파악할 수 있다. 1.2 네일숍에 필요한 직무내용에 따라 직무역량을 개발할 수 있다. 1.3 직무에 맞는 직무역량을 발전시킬 수 있도록 교육과정을 개발할 수 있다.
	[지식] • 직무관련 이론 • 직무역량에 관한 개념 • 교육훈련과정 개발 이론

능력단위 요소 (세부항목)	수 행 준 거 (세세항목)
	[기술] • 직무내용에 관한 이해 능력 • 직무역량에 관한 이해 능력 • 적절한 업무배정 능력 • 교육훈련과정 개발 능력
	[태도] • 네일숍에 필요한 다양한 직무를 정확히 이해하려는 자세 • 네일숍 직원의 직무역량을 지속적으로 개발하려는 자세 • 직무에 고객들의 의견을 적극적으로 수용하려는 노력
1201010446_16v1.2 직원 직무 수행하기	2.1 네일숍에 필요한 직원의 직무를 분류할 수 있다. 2.2 직원들의 직무역량에 따라 직무를 조정할 수 있다. 2.3 직무역량에 따라 직원들에게 직무 지시를 할 수 있다.
	[지식] • 직무관련 이론 • 직무역량에 관한 개념
	[기술] • 직무내용에 관한 이해 능력 • 직무역량에 관한 이해 능력 • 직무지시능력
	[태도] • 직무역량에 따라 정확하게 직무를 분배하려는 자세 • 리더십을 적극적으로 발휘하는 자세
1201010446_16v1.3 직원 성과 평가하기	3.1 직원들의 직무에 따라 성취도를 파악할 수 있다. 3.2 직원들의 직무 성과를 평가할 수 있다. 3.3 직원의 직무 성과 평가에 따라 보상할 수 있다.
	[지식] • 직무관련 이론 • 직무역량에 관한 개념 • 교육훈련과정 개발 이론 • 직무 성과에 관한 개념 • 직원 보상에 관한 개념
	[기술] • 직무 성과에 관한 이해 능력 • 직무 성과평가에 관한 이해 능력 • 직원의 직무 성과에 따라 보상을 적용할 수 있는 능력
	[태도] • 교육관리와 평가의 공정한 자세 • 원만한 커뮤니케이션을 위해 노력하는 자세 • 리더십을 적극적으로 발휘하는 자세

SECTION 4 국가직무능력표준 직무명 메이크업(2022년 기준)

분 류 번 호	1201010343_19v5
능력단위 명칭	메이크업 사업장 경영관리
능력단위 정의	메이크업 사업장 경영관리는 메이크업 경력홍보, 직원관리, 재무관리, 매장관리 등을 통해 메이크업서비스를 제공하고 효율적으로 관리할 수 있는 능력이다.

능력단위 요소 (세부항목)	수 행 준 거 (세세항목)
1201010343_19v5.1 메이크업 경력 홍보하기	1.1 메이크업 트렌드, 메이크업 이미지, 뷰티코디네이션 등을 포트폴리오로 제작할 수 있다. 1.2 메이크업 시안을 가시적이고 다양한 미디어로 제작할 수 있다. 1.3 메이크업디자인 결과물, 시안, 관련 작품들을 DB로 활용할 수 있다. 1.4 메이크업디자이너 커리어, 작품 등을 개인 홍보자료로 구성하여 관리할 수 있다.
	[지식] • 메이크업 산업에 대한 지식 • 메이크업 제품시장에 대한 지식 • 메이크업 제품의 특성에 대한 지식 • 메이크업 트렌드에 대한 지식 • 메이크업 제품 트렌드에 대한 지식 • 홍보 · 마케팅에 대한 지식
	[기술] • 산업동향 분석 기법 • 시장동향 분석 기법 • 제품의 특성 비교 분석 기법 • 정보수집 및 활용 기술
	[태도] • 산업동향을 정확하게 분석하려는 자세 • 비교 · 분석에 대해 시사점을 구하고자 하는 자세 • 제품을 이해하고자 하는 자세 • 고객에게 메이크업 트렌드에 맞춰 홍보하고자 하는 자세 • 지속적으로 고객을 유지하고자 하는 태도 • 고객의 의견을 경청하고자 하는 태도

<table>
<tr><th>능력단위 요소
(세부항목)</th><th>수 행 준 거
(세세항목)</th></tr>
<tr><td rowspan="4">1201010343_19v5.2
직원 육성하기</td><td>2.1 메이크업서비스와 고객 응대에 필요한 교육 · 훈련을 실시할 수 있다.
2.2 메이크업 관련 최신 정보(제품, 트렌드)를 교육 · 훈련을 통해 제공할 수 있다.
2.3 직원에 대한 직무평가를 인사고과에 반영할 수 있다.
2.4 성과와 직무역량에 따른 승급 체계를 마련하여 직원을 육성할 수 있다.</td></tr>
<tr><td>[지식]
• 인사관리에 대한 지식
• 노무관리에 대한 지식
• 직무분석에 대한 지식
• 리더십에 대한 지식
• 직원평가에 대한 지식
• 평가에 따른 보상제도에 대한 지식
• 퇴직 및 이직관리에 대한 지식
• 경력 · 직급별 필요한 교육 · 훈련 프로그램에 대한 정보
• 교육프로그램 기획 · 개발 · 운영에 대한 지식
• 산업재해 관련 고용보험 처리 과정 관련 지식</td></tr>
<tr><td>[기술]
• 인사관리 규정 작성 기술
• 인적자원을 관리하는 기법
• 직원을 평가하는 기술
• 교육과정 설계 및 교수학습 방법과 평가 방법
• 직원과의 커뮤니케이션 기법</td></tr>
<tr><td>[태도]
• 객관적으로 평가하는 태도
• 공정하게 인사 · 관리하는 태도
• 리더십을 발휘하고자 하는 태도
• 개인의 특성을 고려하는 태도
• 상호 신뢰를 쌓을 수 있는 공정한 태도
• 이직 및 퇴직을 낮추기 위한 전략적 사고
• 윤리적 실천을 하려는 의지
• 새로운 기술과 문화에 관심을 가지려는 자세
• 직원들의 의견을 적극적으로 수용하려는 자세</td></tr>
<tr><td>1201010343_19v5.3
재무 관리하기</td><td>3.1 매출을 관리하고 입출금 내역을 확인하여 운영비를 관리할 수 있다.
3.2 매장의 영업매출과 수입 대비 각종 지출을 관리할 수 있다.
3.3 적절한 원가를 적용하여 비용을 절감할 수 있다.
3.4 경영재무자료를 통해 예산 계획과 자금의 흐름을 통제 관리할 수 있다.</td></tr>
</table>

능력단위 요소 (세부항목)	수 행 준 거 (세세항목)
	[지식] • 매출대비 지출 항목 적정비율에 대한 지식 • 매출대비 비용관리에 대한 지식 • 세금납부에 대한 지식 • 각종 세법에 대한 지식 • 금융관련 정보 • 영업매출 데이터 관리
	[기술] • 손익계산서 운영기술 • 손익계산서 계정과목별 현황파악기술 • 수익을 위한 적정원가 적용 기술 • 영업매출 관리 능력 • 영업매출 관리 운영체계 프로그램 사용기술
	[태도] • 투명한 재무관리를 위한 자세 • 예산 절감 및 절약하고자 하는 태도 • 손익계산에 따른 전략적 태도 • 납세의 의무를 준수하고자 하는 태도 • 세무관리에 따른 책임감 있는 태도
1201010343_19v5.4 메이크업 샵 경영 관리하기	4.1 직원을 채용하고, 고용관계 계약을 체결할 수 있다. 4.2 직무역량을 파악하여 업무를 조정하고 인력을 배치 · 운영할 수 있다. 4.3 매출수준, 고객, 업계동향 등을 파악하고 경영활동에 적용할 수 있다. 4.4 고객 및 자체평가 등을 통해 매장의 서비스수준을 개선할 수 있다.
	[지식] • 매장관리 지식 • 회계관리에 대한 지식 • 고용관리에 대한 지식 • 경영전반에 대한 지식
	[기술] • 매장의 경영 상황 평가 기법 • 매장관리 지침에 따른 매장운영 평가 기술 • 보고서 작성 기술
	[태도] • 매장운영과 경영에 있어 신중하게 의사결정 하는 자세 • 정해진 운영규칙을 준수하고자 하는 자세 • 전략적 매장 운영 및 경영 자세 • 정확하고 올바르게 판단하고 행동하고자 하는 자세 • 사람들과 신뢰를 쌓고자 하는 태도 • 주위의 의견을 수용하고자 하는 태도

분류번호	1201010344_19v5
능력단위 명칭	메이크업 고객 관리 서비스
능력단위 정의	메이크업 고객관리 서비스란 사업장의 고객을 분류하고, 각 분류에 맞는 서비스를 제공할 수 있는 능력이다.

능력단위 요소 (세부항목)	수행준거 (세세항목)
1201010344_19v5.1 신규 고객 관리하기	1.1 신규 고객 정보를 수집, 관리할 수 있다. 1.2 신규 고객을 유형을 분류·관리할 수 있다. 1.3 신규 고객의 유형에 맞는 서비스를 개발하고 수행할 수 있다.
	[지식] • 개인 정보 보호법에 대한 지식 • 신규 고객의 유형 분류·관리 지식 • 신규 고객의 유형 서비스 지식
	[기술] • 고객 정보 수집 기술 • 신규 고객의 유형 분류·관리 기술 • 신규 고객의 유형 서비스 개발 기술
	[태도] • 신규 고객을 적극적으로 유치하려는 태도 • 신규 고객을 고정 고객으로 전환하려는 태도
1201010344_19v5.2 고정 고객 관리하기	2.1 고정 고객 정보를 관리할 수 있다. 2.2 고정 고객의 선호 서비스를 파악할 수 있다. 2.3 고정 고객의 유형에 맞는 서비스를 개발하고 수행할 수 있다.
	[지식] • 개인 정보 보호법에 대한 지식 • 고정 고객의 유형 분류·관리 지식 • 고정 고객의 유형에 맞는 서비스 지식 • 고객정보수집 지침서에 대한 지식 • 서비스 예절과 비즈니스 매너에 대한 지식
	[기술] • 고객관리 매뉴얼 이해 능력 • 구매정보 분석 능력 • 고정 고객 관리 기술 • 고정 고객에 맞는 서비스 기술
	[태도] • 고정 고객의 충성도를 유지하려는 태도 • 고정 고객의 이탈을 방지하려는 태도 • 타 메이크업 사업장과 차별화된 서비스를 제공하려고 하는 노력

능력단위 요소 (세부항목)	수 행 준 거 (세세항목)
1201010344_19v5.3 이탈 고객 관리하기	3.1 이탈 고객 정보를 관리할 수 있다. 3.2 이탈 고객의 이탈 원인을 파악할 수 있다. 3.3 이탈 고객의 유형에 맞는 서비스를 개발하고 수행할 수 있다.
	[지식] • 개인 정보 보호법에 대한 지식 • 이탈 고객의 유형 분류, 관리 지식 • 이탈 고객의 유형에 맞는 서비스 지식 • A/S관리 지침서 활용 능력과 신속한 처리 능력 • 고객의 소리(VOC)에 대한 응대 능력과 보고서 작성 능력
	[기술] • 이탈 고객 관리 기술 • 이탈 고객의 유형에 맞는 서비스 기술 • A/S요구 사항 처리 능력
	[태도] • 이탈 고객의 원인을 파악하려는 태도 • 이탈 고객의 재방문을 유도하려는 태도 • 이탈 고객에게 요구사항의 처리결과를 신속하게 안내하려는 자세

참고문헌

- 권근원, "경영학의 이해", 박영사, 2013.
- 김명기, 배영수, 송석명, 유유정, 이수경, 장선일, 정년구, 최은영, "알기 쉬운 미용경영학", 청구문화사, 2010.
- 김선옥, 김세욱, "디지털시대미용경영학", 수문사, 2001.
- 김영갑, "창업성공을 위한 상권분석", 이프레스, 2014.
- 김종근 외, 뷰티살롱경영관리, 리그라인, 2003
- 김종근, 윤천성, 김새한별, "뷰티살롱경영관리", 리그라인, 2003.
- 김진철, "경영학의 이해", 형설출판사, 2010.
- 남상진, "경영의 교과서", 청림출판, 2003.
- 리차드 H. 홀, "현대조직론", 한올출판사, 2005.
- 박길상, "인터넷 마케팅", 비앤엠북스, 2013.
- 박정민 외 3인, "최신 경영학의 이해", 비앤엠북스, 2011.
- 박주희, 안재두, "고객서비스", 도서출판 대명, 2006.
- 서민교, "프랜차이즈 경영론", (주)벼리커뮤니케이션, 2014.
- 서성무, 이지우, "경영학의 이해", 형설출판사, 2010.
- 송영우, 정미영, "미용경영을 위한 서비스마케팅", 도서출판 청람, 2009.
- 어윤소 외 4인, "현대 경영학원론", 형설출판사, 2011.
- 원융희, "고객서비스 테크닉", 백산출판사, 2012.
- 원융희, 김상희, "서비스경영철학", 도서출판 두남, 2001.
- 윤천성 외, 뷰티산업경영론, 훈민사, 2004
- 윤천성, 최은집, 박영숙, "뷰티산업과 살롱 경영", 훈민사, 2004.
- 이광로 외 2인, "경영학의 이해", 신영사, 2011.
- 이상욱, 임은진, 정미영, 최우석, "미용경영", 도서출판 청람, 2007.
- 이숙연, 고시환, 강근영, 권혜영, 김미선, 김선희, 소영진, 이연희, 한정아, 허순득, "미용서비스론", 청구문화사, 2009.
- 이유재, "서비스마케팅", 학현사, 2009.

- 임은지 외 4인, "뷰티 매니지먼트", 도서출판 청람, 2011.
- 임종만, 윤천성, "신 인적자원 관리론", 서경대학교출판부, 2003.
- 임종만, 윤천성, 임은진, 정미영, "고객만족을 위한 서비스경영론", 무역경영사, 2003.
- 임창희, "경영학원론", 학현사, 2011.
- 정수진, 오장원, 고종식, 방한오, "인간자원개발관리", 삼우사, 2003.
- 정훈, "미용과 경영", 예린, 2002.
- 조보상, "최신 경영학의 이해", 무역경영사, 2004.
- 조희영 외 5인, "경영학원론", 삼영사, 2004.
- 최영희 외 5인, "미용경영학&CRM", 광문각, 2013.
- 최종학, 김현주, "고객만족을 위한실천기법", 한올출판사, 2002.
- 한국관광공사, "방한 관광시장분석", 2009.
- 한국능률협회, "고객만족경영", 한국능률협회미디어, 2001.
- KPI 한국인사관리협회, "초우량기업인사관리", 한국인사관리협회, 2003.
- NCS학습모듈 , 미용업 안전 위생관리, 한국직업능력개발원, 대한미용사회, 교육부
- Edward J. Tezak , Successful salon management(성공하는 미용실경영), 리그라인, 2004
- F.8 E. Fiedler, "Improving Leadership Effectiveness." New York : John Wiley & Sons Inc., 1975.
- Kevin B Lowe, John Millimar De Cieri, Peter J, Dowling, "International Compensation Practices : A Ten Comparative Analysis, Human Res-ource Management", 2002, Spring.
- Stephen P. Robbins, et al., "Management, 8th ed.", Prentice Hall, 2005.
- Wendell L, French, "Human Resources Management", Houghton Mifflin Company, 2003.
- http://ko.wikipedia.org/wiki
- http://dic.daum.net/word/
- http://tip/daum.net/

찾아보기(INDEX)

INDEX

2022년 NCS 적용교육!

NEW 미용경영학 [개정판]

2018년 9월 5일 발행
2022년 9월 5일 개정판 발행

저 자 김은숙 · 이은우 · 최윤정
김영주 · 김은희 · 김필순
김현주 · 심은경 · 이명선 · 천지연

펴낸곳 메디시인

발행인 주병오 · 주민기

주 소 경기도 파주시 회동길 209
파주출판문화정보산업단지

전 화 (031) 955-7566·7577

팩 스 (031) 955-7730

이메일 jigupub@hanmail.net

등록번호 2005년 2월 16일 제 406-2005-000045호

ISBN 979-11-86739-63-1 값 22,000원

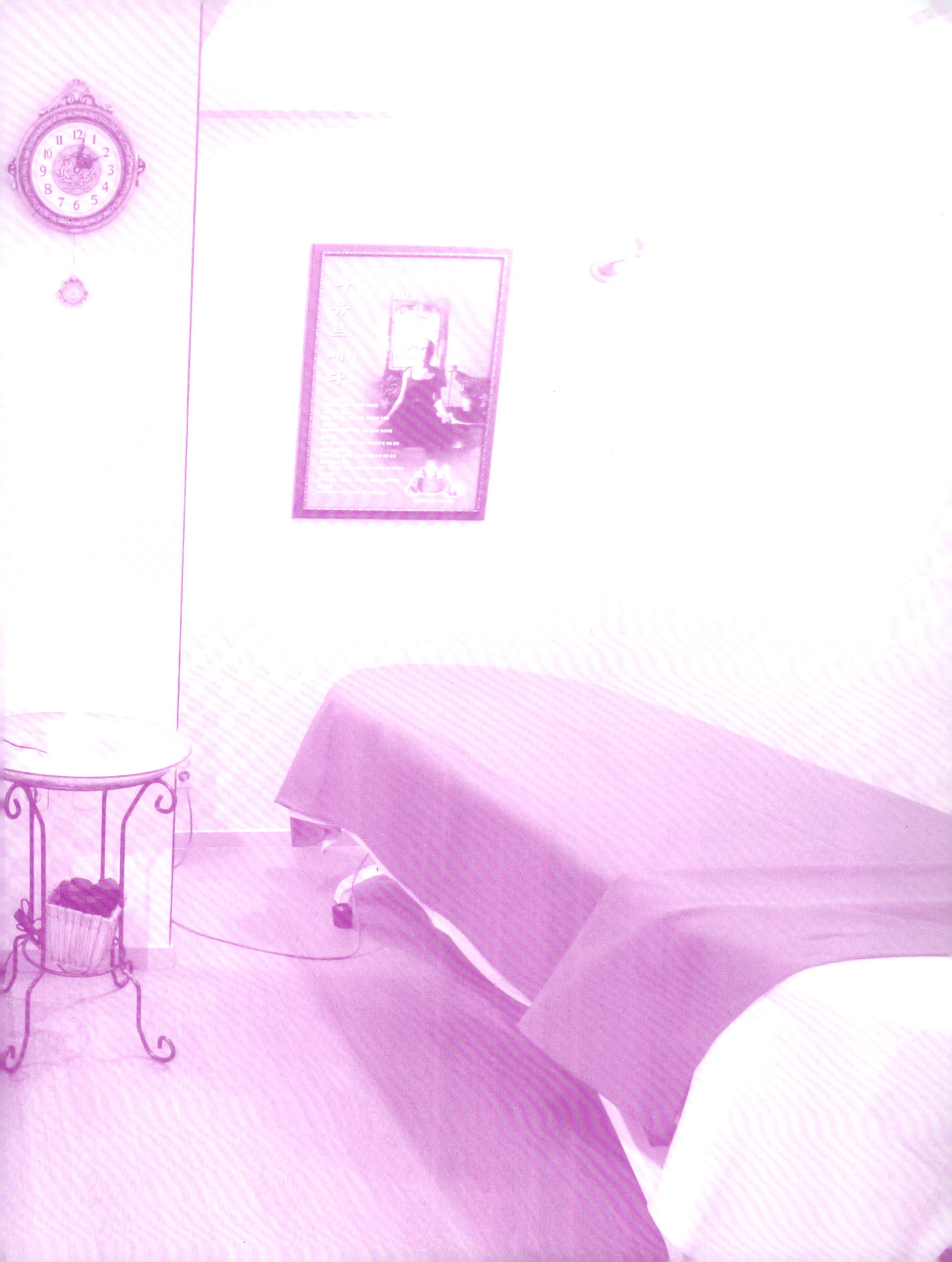